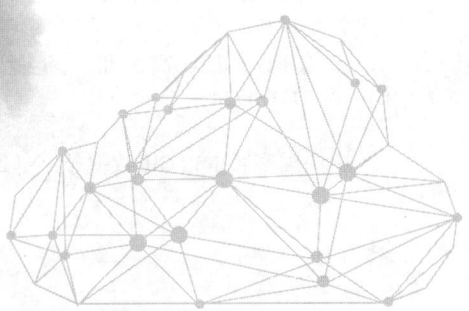
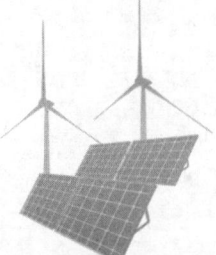

MIANXIANG GONGYE HULIANWANG DE
ZHIHUI NENGYUAN GUANLI FUWU PINGTAI
YANJIU YU YINGYONG

面向工业互联网的智慧能源管理服务平台

研究与应用

高 建 李 林 曾 庆 刘 东 李富祥 ◎ 编著

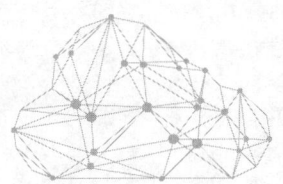

·成都·

图书在版编目(CIP)数据

面向工业互联网的智慧能源管理服务平台研究与应用/
高建等编著.—成都:电子科技大学出版社,2023.5
ISBN 978-7-5770-0189-0

Ⅰ.①面… Ⅱ.①高… Ⅲ.①能量管理系统—研究—中国 Ⅳ.①TM734

中国国家版本馆CIP数据核字(2023)第066344号

面向工业互联网的智慧能源管理服务平台研究与应用
高 建 李 林 曾 庆 刘 东 李富祥 编著

策划编辑	段 勇 魏 彬
责任编辑	魏 彬
出版发行	电子科技大学出版社 成都市一环路东一段159号电子信息产业大厦九楼　邮编　610051
主　页	www.uestcp.com.cn
服务电话	028-83203399
邮购电话	028-83201495
印　刷	成都市锦慧彩印有限公司
成品尺寸	185mm×260mm
印　张	11.5
字　数	300千字
版　次	2023年5月第1版
印　次	2023年5月第1次印刷
书　号	ISBN 978-7-5770-0189-0
定　价	58.00元

版权所有,侵权必究

编 委 会

主　编：高　建　李　林　曾　庆　刘　东　李富祥

副主编：马芳平　罗　玮　常清雪　付　鑫　常政威

编　委：贺玉彬　彭　放　刘金全　文有庆　孙圣权

　　　　　陈　新　古明杰　张凌浩　庞　博　杨明坤

前 言

工业互联网在能源产业的变革中有重要的基础作用,是能源企业向管理智慧化、能源高效化、生产低碳化转型的重要工具。然而,国内能源企业对防护体系建设和管理的重视程度不够,工控等核心设备依赖国外进口;工业机理模型数字化不足,制约了工业互联网平台的部署。此外,国内工业大数据分析能力薄弱,自主研发的分析工具匮乏,大部分工业互联网平台使用的分析工具为外企产品。我国工业互联网智慧能源管理平台的相关核心技术一定程度上依赖国外,存在严峻的安全风险,这成了我国能源企业部署工业互联网平台的重大障碍,影响了我国产业转型升级的步伐。

为满足企业在生产过程中对能源管理的分析智能化和计算云化需求,满足安全用能、经济用能以及精细化管理的需求,推动我国能源企业的转型升级,本书围绕"物联网""大数据""云计算""AI""边缘计算""智能网关"等领域,重点介绍能源设备状态感知与在线安全监测技术、云计算管理平台技术、大数据认知与分析挖掘方法、AI模型自动协同技术,以及云平台研发及其示范应用相关内容。为我国实施面向工业互联网的智慧能源管理服务提供理论支持和国产化替代方案。本书可为智慧能源领域的工程技术人员、企业管理人员、政府部门人员等提供参考。

本书联合了国能大渡河流域水电开发有限公司、四川华鲲振宇智能科技有限责任公司、清华四川能源互联网研究院、国网四川省电力公司电力科学研究院、国能大渡河大数据服务有限公司五家单位,依托2021年度四川省重点研发项目"面向工业互联网的智慧能源管理服务平台研究及应用"和国家能源集团投资有限责任公司重点科技项目"基于鲲鹏架构的国产化智慧能源管理服务平台研究与应用"研究成果,在编写过程中得到了四川省科技厅、成都市科技局、国家能源集团科技部以及有关部门的大力支持,特此致谢!

编 者

2022年10月

目 录

第1章 面向工业互联网的智慧能源管理服务平台的研究和应用概述 1

1.1 研究背景 1
1.2 国内外研究现状 3
    1.2.1 工业互联网发展历程 3
    1.2.2 智慧能源管理服务平台 5
1.3 平台搭建方案 7

第2章 基于物联网的能源设备状态感知与在线安全监测技术   9

2.1 物联网应用概述 9
    2.1.1 物联网在核电监测领域的应用 10
    2.1.2 物联网在风力发电领域的应用 11
    2.1.3 物联网在智能运输和物流领域的应用 13
    2.1.4 物联网在太阳能产业的应用 14
    2.1.5 物联网在智能电网领域的应用 15
2.2 能源设备状态感知概述 17
    2.2.1 太阳能应用系统设备状态感知 18
    2.2.2 风力发电系统设备状态感知 18
    2.2.3 传感器在数据采集领域的应用 19
    2.2.4 光学传感器的分类 20
    2.2.5 力学传感器的分类 22
    2.2.6 电感式传感器的分类 23

2.2.7　传感器的应用 ··· 23
2.3　基于物联网的能源设备状态感知的原理 ································· 25
　　2.3.1　常规数据采集方法 ·· 26
　　2.3.2　建立能源感知物联网实例 ······································ 27
2.4　物联网数据同步采集与处理技术 ······································· 28
　　2.4.1　物联网数据采集与处理概述 ···································· 29
　　2.4.2　物联网数据采集框架搭建 ······································ 30
　　2.4.3　压缩式数据采集与传输概述 ···································· 31
　　2.4.4　压缩式数据采集与传输在物联网中的应用 ······················ 32
2.5　多协议智能网关技术 ··· 34
　　2.5.1　工业设备常见协议类型 ·· 35
　　2.5.2　多协议智能网关的作用 ·· 38
2.6　密钥离散化技术与在线安全监测技术 ··································· 39
2.7　本章小结 ··· 42

第3章　基于鲲鹏架构服务器的云计算管理平台技术研究 ······· 43

3.1　鲲鹏架构及相关技术介绍 ··· 43
　　3.1.1　鲲鹏架构服务器概述 ·· 43
　　3.1.2　华为鲲鹏处理器架构（ARM）特点 ······························ 44
　　3.1.3　鲲鹏系列实例 ·· 44
　　3.1.4　弹性云服务器的架构与优势 ···································· 45
　　3.1.5　对弹性云服务器的场景选择 ···································· 47
　　3.1.6　鲲鹏处理器的组织 ·· 48
　　3.1.7　基于鲲鹏920处理器片上系统的Taishan（泰山）服务器 ········· 49
3.2　云计算及其技术架构的概述 ··· 49
　　3.2.1　云计算简介 ·· 49
　　3.2.2　云计算的体系结构 ·· 50
　　3.2.3　云计算平台的组成架构 ·· 51
　　3.2.4　云计算技术 ·· 52
　　3.2.5　云平台服务模式 ·· 52
　　3.2.6　云计算部署模型 ·· 53
　　3.2.7　云计算实现关键技术 ·· 54
　　3.2.8　云计算应用 ·· 55

3.3	云控制中心Web端需求		56
	3.3.1	在线监测	57
	3.3.2	巡视管理	57
	3.3.3	故障抢修	58
	3.3.4	负荷管理	59
3.4	基于鲲鹏架构服务器的云计算管理平台技术		60
	3.4.1	服务器虚拟化	60
	3.4.2	存储虚拟化	62
	3.4.3	网络虚拟化	63
	3.4.4	云数据管理技术	65
	3.4.5	云计算数据管理整体架构分析	67
	3.4.6	云管理的问题与解决方案	67
	3.4.7	云管理的优势	68
	3.4.8	云管理平台的作用	69
	3.4.9	云管理平台的特点	69
	3.4.10	集成云管理平台中需要的基本功能	70
	3.4.11	OpenStack简介	70
3.5	本章小结		72

第4章 面向多业务链时空大数据的多视角认知与分析挖掘方法…73

4.1	时空大数据及其意义概述		73
	4.1.1	时空大数据的类型	74
	4.1.2	时空大数据的应用	75
4.2	时空数据的高维特征提取技术		77
	4.2.1	传统的特征提取技术	77
	4.2.2	高维特征提取技术	80
4.3	基于人工智能的能源数据挖掘算法		82
	4.3.1	人工智能在能源领域中的优势	82
	4.3.2	人工智能在能源领域的主要用途	84
	4.3.3	人工智能在能源应用上的主要挑战	84
	4.3.4	高维数据挖掘算法	85
4.4	面向业务链的时空大数据挖掘与分析技术		90
	4.4.1	时空数据聚类	91

  4.4.2 时空预测 ·········· 93
  4.4.3 时空数据变化 ·········· 94
  4.4.4 时空耦合和远程耦合 ·········· 96
  4.4.5 时空热点检测 ·········· 97
  4.4.6 时空数据异常检测 ·········· 98
  4.4.7 时空数据挖掘与分析面临的挑战 ·········· 99
  4.4.8 时空数据分析的工具 ·········· 100
4.5 本章小结 ·········· 101

第5章 基于端-边-云全场景的AI模型自动协同技术 ·········· 102

5.1 边缘计算与端-边-云协同 ·········· 102
  5.1.1 边缘计算概述 ·········· 102
  5.1.2 边缘计算的优势 ·········· 103
  5.1.3 端-边-云协同概述 ·········· 104
5.2 端-边-云协同总体框架及应用场景 ·········· 106
  5.2.1 端-边-云协同总体框架 ·········· 106
  5.2.2 端-边-云协同技术的主要应用场景 ·········· 107
5.3 端-边-云协同关键技术 ·········· 108
  5.3.1 全局管理平台关键技术 ·········· 108
  5.3.2 边缘容器关键技术 ·········· 109
  5.3.3 边缘数据处理关键技术 ·········· 110
  5.3.4 边缘智能关键技术 ·········· 110
5.4 边缘AI概述及应用 ·········· 112
  5.4.1 边缘AI概述 ·········· 112
  5.4.2 深度学习框架 ·········· 113
  5.4.3 人工智能在边缘侧的应用 ·········· 114
5.5 深度神经网络快速推理架构 ·········· 117
  5.5.1 设备计算 ·········· 117
  5.5.2 边缘服务器计算 ·········· 119
  5.5.3 跨边缘设备计算 ·········· 120
  5.5.4 隐私保护推理 ·········· 121
5.6 深度学习模型在边缘侧的训练 ·········· 122
  5.6.1 训练更新频率 ·········· 123

  5.6.2 训练更新的大小 ……………………………………………………… 124
  5.6.3 分散通信协议 ………………………………………………………… 124
  5.6.4 隐私保护训练 ………………………………………………………… 125
 5.7 本章小结 ……………………………………………………………………… 125

第6章 工业互联网智慧能源管理服务云平台研发及其示范应用 …………… 126

 6.1 国际发展背景 ………………………………………………………………… 126
 6.2 国内的发展现状 ……………………………………………………………… 127
 6.3 发展驱动力 …………………………………………………………………… 129
 6.4 国内外智慧能源管理服务实践案例及成效分析 …………………………… 131
  6.4.1 在政府服务领域的实践应用 ………………………………………… 131
  6.4.2 在电力行业领域的实践应用 ………………………………………… 132
  6.4.3 在能源投资交易领域的应用 ………………………………………… 135
  6.4.4 在能源消费领域的应用 ……………………………………………… 136
 6.5 智慧能源管理服务云平台建设运行规范 …………………………………… 141
  6.5.1 总体目标 ……………………………………………………………… 141
  6.5.2 主要依据 ……………………………………………………………… 142
  6.5.3 主要特征 ……………………………………………………………… 142
  6.5.4 关键技术 ……………………………………………………………… 143
  6.5.5 执行保障规范 ………………………………………………………… 147
  6.5.6 标准推广完善 ………………………………………………………… 148
 6.6 智慧能源管理服务应用场景 ………………………………………………… 149
  6.6.1 应用场景的选择和识别分类 ………………………………………… 149
  6.6.2 应用场景识别和评估思路 …………………………………………… 150
  6.6.3 应用场景识别和评估方法 …………………………………………… 151
  6.6.4 应用场景服务评估模型 ……………………………………………… 152
  6.6.5 应用场景业务标准 …………………………………………………… 153
 6.7 应用场景的需求分析 ………………………………………………………… 153
  6.7.1 服务政府精准决策需求 ……………………………………………… 153
  6.7.2 电力企业快速响应需求 ……………………………………………… 156
  6.7.3 工业企业能源消费需求 ……………………………………………… 157

6.8 应用场景的评估示例和选择策略 ………………………………………… 160
　6.8.1 服务内容 ………………………………………………………… 160
　6.8.2 场景评估卡 ……………………………………………………… 160
　6.8.3 服务价值 ………………………………………………………… 161
　6.8.4 选择策略 ………………………………………………………… 161
6.9 智慧能源管理服务云平台演进策略 ………………………………………… 161
　6.9.1 国内能源大数据生产要素及技术能力 ………………………… 161
　6.9.2 国内能源大数据发展过程中政府的作用 ……………………… 162
　6.9.3 智慧能源管理服务云的演进策略 ……………………………… 163
6.10 智慧能源管理服务云平台运营模式分析 ………………………………… 164
　6.10.1 运营模式总体思路 …………………………………………… 164
　6.10.2 运营模式及利益攸关方 ……………………………………… 165

参考文献 …………………………………………………………………… 167

第1章
面向工业互联网的智慧能源管理服务平台的研究和应用概述

1.1 研究背景

能源是人类活动的物质基础。就现实意义角度来讲,人类文明与生态经济发展都不能缺少智慧能源管理技术的使用升级,对智慧能源管理系统的新展望是我国新时期下生态经济发展的新课题。与此同时,互联网技术高速发展,在工业领域的应用日益增加,工业互联网平台的搭建为工业智能化发展提供了可行、便捷的服务,越来越多的国家关注工业互联网的发展。工业互联网数据具有海量多态性、动态异构性、相关性、实时性等特点。德国提出"工业4.0"的发展理念,工业逐步进入智能化发展,我国也紧跟时代的步伐,进入新发展理念阶段,引领工业向高质量、绿色化和数字化转型。

物联网是一种形式。它通过使用微控制器、收发器和协议栈连接日常物品,并将它们集成到互联网中。这种形式引起了学术界和工业界的关注,旨在将大量具有高度社会相关性的应用程序数字化。我们日常生活中的物联网应用是多方面的,如在运输和物流行业取得突破性进展的智能交通以及在工业能源领域的大规模应用。物联网覆盖智慧交通、医疗、农业、工业等多个领域,甚至可以在我们的日常用品中找到,因此,物联网设备的数量呈爆炸式增长。埃信华迈(IHS Markit)预计,到2030年将有

1 250亿台物联网设备相互连接。这个数字受到5G网络的出现和新频谱频率应用的高度影响。此外，物联网设备通常很小且电池电量有限，并且这些设备之间交换大量信息会产生巨大的能源需求。但物联网设备通常不支持这些需求，会迅速导致电池电量耗尽和网络中断。因此，我们不断优化工业互联网服务平台，该平台专注于在物联网网络中节约和管理能源，以降低能源消耗，延长物联网网络的使用寿命。

在发展过程中，物联网、边缘计算、云计算和人工智能不断融合，以传统云计算为核心的计算方式开始融合边缘计算方式，掀起了一场基于云边协同的工业互联网革命。这不仅可以提高工业能源系统的响应速度，减轻数据传输带来的网络带宽负载压力，也能够使云平台和边缘平台发挥各自的优势，继续推动工业互联网向智能化发展。

传感器、执行器和换能器对于在下一代电网中提供实时能源监控服务至关重要。物联网已经发展成为一种能够创造性地解决电网系统难题的技术。支持物联网的传感器广泛用于电网方案，通过互联网和应用程序传递有价值的数据，从而实现更好的能源管理。智慧能源管理服务平台和物联网集成以最少的人工交互，确保了可靠性、高性价比和智能化功能。在物联网应用中，智能设备和组件之间的双向通信是必需的。

工业互联网可以为能源企业经营决策、组织管理提供新的工具，是新一轮工业革命的关键支撑。因此，加快研制工业互联网核心技术，将促使我国在全球新一轮产业变革的竞争中走在前列。在利好政策的推动之下，传感技术、人工智能和物联网技术爆炸式进步，各种智能技术和逻辑应用程序已在实践中得到广泛开发和部署。这些技术可能会给城市生活的各个方面带来变革性的变化。但由于各类智能技术的读写能力和普及性各不相同，各类设施对于物联网普及化并不全面，导致智慧能源管理服务平台不能完全落实，若能源调控由该平台管理，将会对人们的生活产生巨大的影响。因此，对智慧能源管理服务平台的研究具有重要意义。

工业互联网支持机器、计算机和用户使用先进的设备管理和数据分析实现智能操作。近年来，得益于标准化的物联网平台和先进的人工智能技术，工业互联网取得了长足的进步，有望在交通、健康和能源等领域引起巨大变革。物联网应用的激增导致了大量互联设备的出现，从小型传感器到复杂的控制器，这些设备提供各种监测和控制服务，以加强日常工作并使之自动化。由于硬件和软件的成本下降，越来越多的联网设备最终出现在工业能源调控系统中，促成了分布式计算设备的异质化发展。

虽然最初的重点是消费者，但物联网的成功最近已蔓延到其他领域，如工业部门出现了一个趋势，即将以前孤立的组件相互连接并与互联网链接，这一趋势通常被称为"第四次工业革命"，或者称为"工业物联网"。物联网耦合工业组件的优势令人惊叹，物联网融入工业能源管理系统之中能够提高其灵活性，并且令其能源分配过程持续优化，使能源系统部署和维护成本降低，同时为制造商、运营商和使用者提供新的服务和定制流程。然而也存在一些负面影响，物联网为其用户带来了严重的安全风险和隐私风险，科研界已经对这个问题进行了广泛的调查。物联网固有的安全风险缺陷产生的主要原因是安全功能的缺失或实施不力，由于复杂的应用环境或密钥缺乏更新，有些储存信息的功能往往没有打补丁。此外，有些用户没有意识到他们的物联网设备所带来的安全风险，而且不知道如何安全地配置他们的网络。

关于工业4.0安全的初步研究结果表明，物联网设备同样受到安全漏洞的影响，当前物联网部署的安全令人担忧，此外，成功入侵物联网智慧能源管理服务平台对工业设施的操作安全性的攻击通常是毁灭性的。对于不同的工业平台而言，停电不仅会影响到一个公司，还会影响到客户和供应商，因此供电系统至关重要。更加重要的是，工业能源厂房所面临的安全挑战与在消费者方面所面临的挑战有很大不同。这两者之间的重大区别主要有以下三点：第一，与需要后续提供安全措施和长期补丁管理的消费类设备相比，工业设备的使用寿命更长，更需要长期补丁维护；第二，与仅由少数设备组成的消费者物联网部署相比，工业设备物联网网络的规模通常更大，更加难以协调管理；第三，当所提供的服务不断发展时，物联网设备之间越来越多的动态互连使基于隔离的安全网络架构的实施更加困难。

保障物联网安全性的前提就是了解当前工业物联网的安全隐患，在发现隐患的同时不断改进，从而不断优化系统的安全性。因此，我们需要对物联网和工业4.0中独特的安全挑战和目标进行专门调查，以此为基础确定专门针对物联网特点的安全保障方法。

因此，搭建面向工业互联网的智慧能源管理服务平台就尤为重要，以保障工业智慧化发展过程的安全性，以及能够极大地提高用户体验感，加快工业物联网化进程，为我国工业智慧能源管理服务平台发展奠定坚实基础。

1.2 国内外研究现状

1.2.1 工业互联网发展历程

1. 世界工业互联网发展历程

工业互联网的发展经历了五个阶段：控制网络阶段、传感器网络阶段、互联网阶段、物联网阶段、工业互联网阶段。自20世纪60年代以来，世界上许多国家都提出了网络发展战略。

2004年，互联网在全球范围快速发展，韩国提出了U-Korea战略，日本提出了U-Japan，这一时期属于传感器网络的发展阶段。2006年，新加坡提出"智慧国家

2015"大蓝图；2008年，美国提出"智慧地球"战略，这一时期属于互联网发展阶段。2009年，欧盟（欧洲联盟）提出了物联网行动计划，这一时期属于物联网发展阶段。美国、德国和中国分别于2011年、2013年和2014年成立或提出工业互联网联盟（Industrial Internet Consortium，IIC）、工业4.0和中国制造2025，这一时期属于工业互联网发展阶段。世界工业互联网发展历程中各国出台的措施和政策如表1-1所示。

表1-1　互联网发展阶段世界各国出台的措施和政策

序号	发展阶段	年份	国家	工业互联网的措施和政策
1	控制网络	1960	西方国家	传感器网络技术和市场的快速发展
2	传感器网络	2004	韩国	U-Korea战略：建立一个以智能网络、最先进的计算技术和其他领先的数字基础设施为武装的技术社会
3	传感器网络	2004	日本	U-Japan：通过无处不在的网络社会创造一个新的信息社会
4	互联网	2006	新加坡	"智慧国家2015"大蓝图：打造新一代宽带网络和信息技术，让信用科技与学习、休闲和经济发展更加紧密结合
5	互联网	2008	美国	"智慧地球"战略：以更智能的方式利用新一代信息技术改变政府、企业和民众之间的互动方式，提高互动的清晰度、效率、灵活性和响应速度
6	物联网	2009	欧盟	物联网行动计划：采取措施确保欧洲在建设新型互联网方面发挥主导作用
7	工业互联网	2011	美国	工业互联网联盟：美国通用电气（GE）公司等提出"工业互联网"概念并进行推广
8	工业互联网	2013	德国	工业4.0：在汉诺威工业博览会上正式提出，利用信息物理系统（Cyber-Physical Systems，CPS）将生产中的供、产、销信息数字化、智能化，最终实现个性化定制产品的快速交付
9	工业互联网	2014	中国	中国制造2025：推动制造业数字化、网络化、智能化，走创新驱动发展之路

2. 中国工业互联网发展历程

同时，中国工业互联网的发展也包括以上五个阶段。中国还为工业互联网的发展采取了一系列措施和政策。中国工业互联网发展阶段及主要措施如表1-2所示。

表1-2 中国工业互联网发展历程

序号	发展阶段	工业互联网的措施和政策
1	控制网络	我国工控机系统产业已形成 工控自动化技术向智能化、网络化、集成化方向发展
2	传感器网络	国家传感信息中心成立 传感器网络标准工作组成立 提出"感知中国" 开发出第一颗物联网核心芯片："唐芯一号"
3	互联网	《国家中长期科学和技术发展规划纲要(2006—2020年)》和新一代宽带移动无线通信网重大项目 出版《让科技引领中国可持续发展》
4	物联网	北京成立"中国物联网产业中心" 上海投资8亿元攻克物联网核心技术,在世博会上得到广泛应用 江苏打造无锡物联网产业创新集群 四川是中国首个打造物联网产业的"智慧县城"
5	工业互联网	成立工业互联网联盟(Alliance of Industrial Internet,AII) 《中国工业互联网平台白皮书》发布

各项举措极大地推动了中国工业互联网的发展,也为中国工业互联网服务平台的搭建奠定了基础,从而极大地改善了现有物联网发展环境。

1.2.2 智慧能源管理服务平台

近年来,学者们对物联网智慧服务系统的研究有了更新和转变,主要有以下几个方面。

(1) 在协同平台方面,基于协同平台,产品服务系统的功能是共享、租赁、交换、协作、共创、共生等。

(2) 在网络平台方面,客户和制造商通过网络平台不断互动,提供可扩展的系统,集成大量服务以吸引客户。产品服务系统的构建基于工业互联网平台,包括传感器、硬件、通信、软件、云服务等一系列服务。

(3) 在云平台方面,产品服务系统的设计需要考虑使用先进的基于云的监控系统来执行准确和快速的服务。

(4) 在服务个性化和推荐方面,产品服务系统可考虑根据用户需求灵活配置的定制系统。基于客户交互平台的个性化推荐可以有效帮助企业选择合适的产品服务系统服务。

(5) 在智能产品和服务方面,在工业4.0战略下,企业需要将工业互联网、工业大数据和人工智能等技术整合到产品服务系统中。在未来的智能产品时代，产品服务系统的服务创新需要通过基于平台的方式实现，并以数据驱动的方式产生。

从各项研究中可以看出，国际投资头寸研究结合了最新的方法、技术、系统和模式，例如，在新兴技术中，工业互联网将结合5G、智能传感、边缘计算、雾计算、云计算、并行计算、智能电网、大数据、区块链、信息物理系统、数字孪生、机器学习和其他技术。这些先进技术为工业智慧能源管理服务平台的建设提供了理论依据。

在现有研究中，学者们关注的是一个局部点，如基于工业互联网的技术、功能、要素和应用，而很少从整个系统的角度研究企业具体是如何建设完整的工业互联网平台。因此，随着工业时代的升级、工业互联网环境的兴起和智能技术的发展，企业在设计、实施和运营时将更加注重系统平台、信息共享、网络协同、个性化定制和服务推荐。对于工业互联网平台，学者们从新兴技术、产业优化与评价、产业服务、数据分析、系统属性等不同方面对其进行了分类。

互联网智慧能源管理通过开发基于互联网的智慧能源管理服务平台技术，使物联网的能源供应—转移—利用及能源系统互联和集成，提供能源信息收集、能源需求响应管理和能源共享与交易，实现能源效率最大化。因此，智慧能源管理服务平台是互联网智慧能源管理非常重要的一个板块，也是工业互联网发展过程中不可或缺的一部分。能源在工业发展历史进程中起到决定性的作用，所以搭建智慧能源管理服务平台对于工业发展而言非常重要。

电力是能源领域非常重要的一个板块。电力发展的优化能够极大地提高能源发展的质量。典型的电网由大量松散连接的同步交流电网组成，它具有三个主要功能：产生、传输和分配电能。电力仅向一个方向流动，从服务提供商流向消费者。首先，大量的发电厂产生电能，其中大部分是由碳和铀基燃料的燃烧产生的；其次，电力从发电厂通过高压输电线路输送到遥远的负荷中心；最后，在电力和配电系统中，以较低的电压向最终用户提供电力。与传统电网相比，智能电网显著改善了电力调节、电网结构灵活性、资源分配和电能服务质量。智能电网具有多种特性，包括鲁棒性、兼容性、自愈性、经济性、集成和优化等。基于互联网的网络的增长和扩展被称为物联网。使用物联网的射频识别、传感器和纳米等关键技术，可实现通信数据交换和红外定位、监控、跟踪和管理。

除了管理现有的能源资源，以高效和智能的方式创造电力也是一个优先事项。除了建设使用传统能源的大型发电厂外，还需要集中精力发展分散的小规模发电，特别是使用可再生能源。尽管将分布式能源连接到电网需要更多的基础设施和投资，但这消除了对昂贵输电线路的需求，并将输配电损失降至最低。

再从不同层面分析我国工业互联网平台与世界各国之间的差距。在接口层方面，中国在设备数字化、网络化方面与美国、德国等发达国家有一定差距，2017年中国企业设备数字化率为44.8%、数字化设备联网率为39.0%，尤其是中小企业基础薄弱，设备改造和数据采集难度较大。在应用层方面，工业互联网前期应用部署投入巨大，目前能源领域建设应用的创新探索主要集中在龙头企业和特定场景，中小企业投资能力和意愿不足，工业互联网应用仍处于点状发展状态。在核心层方面，信息通信技术（Information and Communications Technology，ICT）依赖国外，工业PaaS（Platform as a Service，平台及服务）刚刚起步，处于探索阶段，核心架构几乎均采用Cloud Foundry的需求响应技术和Docker等开源技术，比较依赖国外技术。

物联网是一种未来的网络技术，在这种技术中，人、物、过程等信息都连接到互联网上，以生成、收集、共享和利用信息。物联网不是最近突然出现的，而是已经存在很长时间了。它有很多名称，随着技术的进步，它的技术和概念也在不断发展。RFID/USN和M2M是代表性的概念。物联网基本上意味着将所有东西连接到互联网。但真正重要的是"为什么要将事物与互联网连接起来"，而不是"如何与互联网连接"。物联网的最终目标是通过我们周围所有事物的互联网连接来智能化事物的特性，通过最少的人为干预实现自动化，并通过各种连接的信息融合来为人类提供知识和更好的服务。要做到这一点，重要的是不要连接现有互联网上的计算机，而是连接人类、物体、空间和无形数据，分析从中收集的各种信息，并共享它们。工业智慧能源管理服务平台涵盖非常广泛，不仅仅是电能，还包括石油、天然气、太阳能等不同种类的能源，搭建该平台有利于能源的调度，能够更加均衡地调度能源，做到绿色节能发展，推动资源节约型、环境友好型社会的建设。

1.3 平台搭建方案

开发和推广基于互联网的智慧能源管理服务平台能够解决国家和社会的诸多问题，如怎样应对能源需求的持续增长、如何避免电网传输功率峰值以及如何应对未来能源供应趋势等。本书针对我国工业互联网智慧能源管理服务平台大量核心技术依赖国外进口的难题，致力构建基于鲲鹏芯片技术的国产化关键软硬件技术，从而缓解我国能源信息安全问题，进而搭建更为完善的工业互联网服务平台，改善能源调配和传输信息安全问题。

搭建智慧能源服务平台现阶段存在以下五方面的问题：

（1）云计算服务器依赖进口，国产服务器性能提升需求迫在眉睫。

（2）信息安全基础薄弱，在信息传输过程中存在信息泄露的风险，信息安全性有待加强。

（3）工业机理建模能力不足，对于工业能源模型没有具象参考，并且建模的合理性有待进一步考证。

（4）工业大数据分析能力弱，对于工业能源机械数据采集就已经存在一定的困难，采集到的数据进一步处理分析较为浅薄，没有挖掘到数据深层次的含义。

（5）数据采集和边缘计算能力不足。工业能源机械存在较多不同类型，采集相关数据存在较大难度，使用统一器械在现阶段仍不可能实现，要提高采集器适配性，从而解决相关问题。

研究发现，物联网由配备传感器、接收器和标签的异构智能设备组成。这些设备能够通过互联网相互通信。为优化物联网在工业能源中的应用，特搭建智慧能源管理服务平台。此平台基于鲲鹏架构服务器的云计算管理平台，展开云计算服务器搭建的研究，从而改变云计算服务器依赖进口的现状。在数据采集方面，本书采用面向多业务链时空大数据的多视角认知与分析挖掘的方法，提高数据采集的质量，在数据传输过程中不断改善数据质量。从以上几个方面着手优化智慧能源管理服务平台，从而实现工业互联网智慧能源管理服务云平台研发，并且缓解我国能源信息传输过程中存在的安全问题。本书以"物联网数据采集—数据安全传输—大数据挖掘—AI云边协同—云平台应用"为主线展开研究。

第2章
基于物联网的能源设备状态感知与在线安全监测技术

2.1 物联网应用概述

在过去十年中,物联网发展迅速,与传统技术行业相互融合碰撞发展出了新的技术,也有许多技术得到了优化,以满足用户、社会和行业的要求。然而,由于流经网络的流量的复杂性和异质性持续增长,创新在物联网和传统网络中都变得难以实现。

物联网应用的真实目的是将计算能力与互联网相连接扩展到日常事物之中,使物品能够感知、计算、通信和控制周围环境。物联网的潜在影响使其可以精简和保障日常生活、改善和简化当前的流程及提出新的方法,明确应该收集什么样的数据,多长时间收集一次,从哪个地方收集一次,这样就有可能获得以前没有的信息,使整个系统得以优化,从而更加适配更新的状况。

物联网是由射频识别、智能传感器、通信技术和互联网协议的最新发展实现的。物联网实现的基本前提是让智能传感器在无人工参与的情况下直接协作,以交付一类新的应用程序。当前互联网、移动和M2M技术的革命可以视为物联网的第一阶段。在未来几年,物联网有望通过将物理对象连接在一起以支持智能决策来连接各种技术以实现新的应用程序。物联网网络具有独特的流量特征,与传统计算机网络不同,物联网网络的部署是出于异质性的目的,因此在物联网网络中产生的流量呈现高度多样化,并且在很大程度上取决于应用。在大多数物联网应用场景中,流量的产生是由事件驱动的,通常为目标检测或物体感应等事件,具有突发性强的特点。事件驱动的流量可以在物联网网络中得到相对良好的处理。然而,随着物联网网络流量开始通过传统计算机网络传输,互联网的整体异质性显著增加。这将导致网络性能、可扩展性和管理性等方面的复杂问题激增。

随着5G时代的到来,流量问题得到了大大缓解,网速的变化为物联网的发展提供了极大的便利与机遇,能够使物联网更加快速全面地建立起来。物联网的应用范围极为广泛,小到智能家居,大到工业能源的控制,物联网无处不在,如今,整个世界正在向热衷于创新的方向发展。这种渐进式变化背后的主要因素是物联网。物联网将客观物品变成直观的、明确的框架,可以对其进行远程管理。这些真正的物品在物联网中被标记为事物,每个物品具有一定的个体差异性,通过物联网,我们可以利用网络从地球上的任何地方对这些物品进行控制和检查。物联网是一种植入了传感器、编程、设备和网络的物理物品的控制系统,通过与其他与之相关的小工具交换数据,使其表现得更好。物联网主要由两个方面构成,分别是网络和物理硬件(如传感器和执行器)。

2.1.1 物联网在核电监测领域的应用

核电站产生的放射性废物具有严重的危害性。这些废物中含有的放射性物质具有辐射能力,释放到环境中会引起辐射污染。辐射能对人体组织和细胞造成直接的损害,可能导致辐射疾病和癌症等健康问题。放射性废物的危害还体现在它们的长寿命。某些放射性物质的衰变半衰期非常长,可能需要几十年甚至上百年才能衰变为不活跃的状态。这意味着这些废物需要长期储存和处理,如果管理不当,可能对环境和人类健康造成长期的危害。此外,核电站产生的放射性废物也存在安全风险,因为它们需要在储存和处理过程中保持高度的安全性,以防止被恶意利用或不当处理而造成事故或泄漏。因此,这些放射性废物需要以适当方式储存、处理,而越来越多的废料堆积给核工业带来了大量的技术和时间挑战。在英国坎布里亚郡的核电站废料堆积厂,储存着英国绝大部分的核废料。在废料堆积厂会根据废弃物的类型和放射性在该站点内应用不同的储存策略,然后在深埋处置的最终处理之前包装废料以进行临时储存。在数十年的临时储存中,需要采用监测系统以预测废料的正确化学演变,这主要受氢气释放和散热的影响,并且需要一个监测方案,以确保放射性废物的氢排放和温度完全在可接受的参数范围内。

作为工业革命4.0的使能技术,物联网的目标是让事物和对象能够随时随地与使用任何网络、路径和服务的任何人连接。如今,物联网通过先进的传感技术为主要行业提供创新的解决方案，如医疗服务、食品供应链、采矿生产、运输和物流以及消防。核工业也不例外。物联网的关键方面之一是数据管理，借助先进的人工智能技术，物联网系统内的智能数据管理和数据处理将进一步提高核废料管理的生产力、安全性和耐用性。

无线传感器网络技术在核电监测领域具有极大前景。对遗留核废料容器进行状态监测的主要参数是温度变化和氢气释放率，利用无线数据传输有效监控每个容器的数据变化，这些参数采集的创新方法可以在更长的时间内提供更高水平的安全保证。同时，无线传感器网络技术可在核工业等恶劣环境中进行开发。核废料储存设施可以被认为是恶劣的环境，并且具有高伽马辐射水平，这使得操作员无法进入。这些条件对传感器可靠性、数据采集和通信、电源和寿命提出了重大挑战。对核废料储存设施内的温度、压力、辐射、湿度和氢含量等参数进行监测可能比当前的基线测量选项更有显著优势。目前亟须搭建一个基于物联网的多用途监测系统，用于测量核废料储存情况的氢浓度和温度。

2.1.2 物联网在风力发电领域的应用

智能设备制造、智能处理和信息通信技术的发展已将物联网提升到一个新的水平。各个行业一直在实施基于物联网的服务，以提高信息吞吐量以及信息管理和分析能力。使用云计算和大数据分析的基于物联网的系统现在正逐渐用于风能领域，风能是环境友好和清洁的可再生能源之一。

在竞争激烈的能源市场，生产力、效率、运营成本和盈利能力至关重要，所有这些参数都要求系统能够持续监控并长期保持高性能。这也就是物联网分析被视为可再生能源行业可持续增长的重要技术趋势的原因。

智能电网和可再生能源是近几年物联网应用的两个主要领域。在过去的几十年中，在全球范围内可再生能源市场呈指数级增长。风能领域的累计容量已从 24 GW 增加到 590 GW。然而，随着该行业在全球范围内扩大规模，增加利润和生产力的同时也带来了负担。这种具有挑战性的情况需要使用新技术和创新来实现稳健增长，而物联网将接过这一重任，实现数据传递的创新和传感器驱动。物联网具有极大前景的原因是我们可以实时分析物联网数据，物联网技术提高了我们以现实世界为基础的更深入、更准确的数字建模能力，并实现人、物和服务之间更紧密的互连。

风能领域与大数据的融合不断加深，每天产生约 25 万亿字节的数据。通过网络、数据和分析将机器与机器连接起来，导致风能发电中的物联网发生范式转变。物联网正在成为应对风能运维挑战的重要工具。物联网的高级分析功能可能会降低运营成本并部署复杂的预测性和主动性运维解决方案。包括数据采集、传输和处理在内的信息管理是对任何系统进行一致操作和控制的最具挑战性的任务。将更多相关和有用的信息引入数据处理系统，它便可以根据知识库做出更合适的决策。国家风能研究所的信息技术部门正在努力培养其在数据分析、设计思维、机器学习和物联网领域的技能。

风能控制系统对于过程的可靠和安全是必不可少的，通过不断监测设备，统计设备产生的变量，根据变量变动范围实现故障检测和预测。物联网技术可以解决数据来源不全、不可靠、传输不高效、不安全的问题。大数据技术提供了处理和分析海量数据的能力。创新的传感技术和物联网可能会在获取和传达风能控制方面相关预测模型的原始数据输入方面发挥关键作用。目前已有许多研究学者讨论物联网在智能电网基础设施中的应用，研究物联网在风能和太阳能等可再生能源发电中的需求。有学者提出了一个基于物联网的系统，该系统使用开放式硬件设计方法，作为电能质量分析的解决方案。这将有助于改进节能解决方案。

风能被视为一种潜在的能源资源，它拥有极大的发展空间。大多数风能开发采用的技术都是传统的并且过于单一，如许多风能发电站采用的有线信号传输技术。近年来无线传感器网络已成为风能行业备受关注的技术。无线传感器网络是克服远程通信中通信困难的解决方案之一，其在风力涡轮机结构健康监测中也很重要。远程无线监控系统可用于实时远程监控和管理，通过使用无线传感器获取风向、电流和电压等各种参数。

使用无线传感器网络和物联网的无线通信用于监控风能系统，并在基于传统数据采集与监控系统（Supervisory Control and Data Acquisition，SCADA）中进行了修改。物联网由嵌入式实体、网络层和控制功能组成，从而提高了可扩展性，并减少了网络的拥挤。无线传感器网络和物联网的集成应用于风车中的参数监控。

有研究学者提出了一个物联网概念模型，以将可再生能源系统集成到智能电网中。在这项研究中每个可再生能源都被分配了一个唯一的 IP 地址。每个对象都通过其唯一的 IP 地址使用双向通信协议进行监控，这消除了同一网络中对许多通信协议的需求。这个概念模型也可以扩展到分发和发电领域。

也有研究学者探索了物联网在可再生能源监测和无线数据收集领域的独特用途。使用具有无线连接功能的小型风力发电中心开发了一个 8×8 物联网风电场平台。这项工作强调了可能使用低成本、无线、电池供电的物联网节点进行远程数据收集，数据记录器的存储空间有限，此外还对物联网节点进行了功率测量并进行了能量分析。

风能行业开始跟随工业 4.0 不断进步，将物联网、大数据分析、云计算和机器学习与机器对机器通信相结合。有许多能源平台用于监测、管理和优化风电场的资源。物联网技术的使用刚刚开始在工业 4.0 下展开翅膀，因此关于其未来的研究和开发空间很大。通过基于云的物联网平台，用户可以轻松访问、传输、分析、存储和呈现数据。

本小节概述了物联网与风力发电领域的集成。这种集成将使基于物联网的风电机组监测平台成为下一代智能电网和物联网的一部分。从目前的文献研究中可以得出以下几个重要观点。

（1）可再生能源和风电机组监测平台的日益普及要求集成智能设备、无线传感器网络、物联网和大数据分析，以提高生产力和可扩展性。

（2）未来基于物联网的风电机组监测平台架构需要集成大量智能传感器用于不同的应用，如设备健康监测、风力参数预测和监测、风险预测性维护、电力传输和与智能电网的集成、电气参数的控制和监测。

（3）未来现有的基于 SCADA 的系统可能需要根据工业 4.0 的能力与更智能的 M2M 通信系统集成。因此未来的研究趋势可能会考虑这种集成的更高效和智能的通信协议。

当前物联网的研究重点是完成物联网设备的初始集成来进行相关场景的监控和维护，使用物联网进行整体控制需要被视为未来的研究范围之一。在研究的过程中，还需要审查和确定设备连接的局限性和优势，例如 RFID、Wi-Fi、蓝牙和 ZigBee，以及它们与 GSM、3G 和 LTE 等其他通信技术的集成。

最终，我们可以得出结论，物联网、大数据分析和信息物理系统是 IoE 的下一代技术趋势，因此需要对这些技术进行更集中的研究。

2.1.3　物联网在智能运输和物流领域的应用

随着全球贸易的增长和消费者需求的变化，智能运输和物流已成为现代经济的关键组成部分。物联网技术的发展为这一领域带来了前所未有的机遇和挑战。物联网的概念是将传感器和设备连接到互联网，实现设备之间的通信和数据交换。在智能运输和物流领域，物联网的应用为企业提供了更高效、可持续和智能化的解决方案，主要体现在以下几个方面。

（1）实时监控和追踪：物联网技术使企业能够实时监控货物的位置、状态和运输条件。通过传感器和连接设备，物流公司可以追踪货物的运输路线、温度、湿度和其他重要参数。这种实时监控有助于提高物流的可追溯性，并确保货物在整个运输过程中的安全和完整性。

（2）资源管理和优化：物联网可以帮助企业更好地管理运输和物流资源。通过连接车辆、仓库和设备，物流公司可以实时监测和管理资源的使用情况。这种实时数据可以用于优化路线规划、货物配送和仓库管理，从而提高运输效率和降低成本。

（3）预测性维护：物联网技术可以实现设备的预测性维护，以避免设备故障和停机时间。传感器可以监测设备的运行状况，并通过实时数据分析和预测算法提前识别潜在的故障。这使得企业能够采取及时的维修和保养措施，避免因设备故障而导致的运输延误和额外成本。

（4）数据分析和优化：物联网为物流公司提供了大量的数据，可以通过数据分析和智能算法来优化运输和物流流程。通过对运输数据、客户需求和市场趋势进行分析，企业可以制定更有效的路线规划、库存管理和供应链策略。这种数据驱动的优化可以提高物流的可持续性和客户满意度。

物联网在智能运输和物流领域的应用仍在不断发展和演进。随着5G技术的普及，物联网的应用将变得更加广泛和强大。5G的高速和低延迟特性将为物联网提供更稳定和可靠的连接，从而支持更复杂和实时的应用；边缘计算是一种将数据处理和分析推向接近数据源的技术，可以在设备或传感器本地进行数据处理，减少数据传输和延迟。边缘计算可以提高物联网系统的响应速度和数据隐私性，对智能运输和物流领域具有重要意义；区块链技术可以提供安全、透明和不可篡改的数据交换以及记录机制。在物联网中，区块链可以用于确保货物的身份认证、交易记录和合规性。这将有助于减少欺诈和数据篡改，并提高供应链的可信度和透明度。

物联网在智能运输和物流领域的应用为企业带来了许多机遇和益处。通过实时监控和追踪、资源管理和优化、预测性维护以及数据分析和优化等应用，物联网提高了运输效率、降低了成本，并增强了可追溯性和客户满意度。未来，随着5G技术、边缘计算和区块链技术的不断发展，物联网在智能运输和物流领域的应用将进一步扩大和深化，为行业带来更多创新和发展机遇。

2.1.4 物联网在太阳能产业的应用

太阳能是一种重要的可再生能源，具有巨大的潜力和重要性。它是清洁、无限、可持续的能源来源，能够提供持久的电力和热能，同时减少对有限的化石燃料的依赖。太阳能的利用不仅有助于减少温室气体排放和环境污染，还有助于推动可持续发展和能源安全。利用太阳能，可以为人类提供清洁、可靠、经济高效的能源，促进能源转型和环保意识的发展。

新能源的发展在现代社会是非常重要的，目前不可再生能源紧缺，如煤炭、石油等一系列化石能源越发稀少，太阳能作为新能源的主力军也是非常重要的可再生能源。太阳能凭借着干净、丰富并且分布范围非常广泛的特点，引起了越来越多科研工作者的关注，他们进一步开发太阳能为日常生活所用。太阳能热水器就是太阳能利用的典型形式之一。

在绿色环保、节能减排的发展政策促进下，太阳能热水器已经成为中国百姓日常生活中不可或缺的一部分，然而，太阳能电池板加热的水量与气候密切相关，为了提供足够的热水以满足日常生活的需要，太阳能电池板加热器通常配备有电加热装置，以补充热水的生产。

太阳能热水器物联网系统组成共包括四部分：控制面板（含Wi-Fi模块）、云平台、控制应用程序、家庭路由器，如图2-1所示。

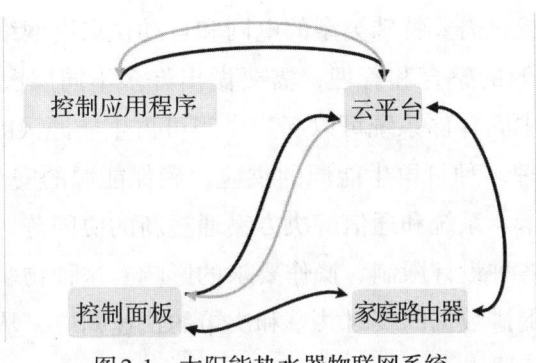

图 2-1 太阳能热水器物联网系统

控制面板（含 Wi-Fi 模块）：控制面板被认为是物联网的感官层，收集和传输系统信息。使用条形码、射频识别、传感器、全球定位系统和其他与货物相关的信息检索设备自动收集所有货物信息，并将其传输到顶端，以完成传输到互联网之前的准备工作。太阳能热水器控制面板的主要作用是采集水箱的温度信号，执行云平台发布的操作指令；当控制面板执行操作指令时，它将执行结果的信号从家庭路由器发送到互联网，并通过互联网发送到云平台。

控制应用程序：考虑到物联网的应用层，控制应用程序为用户提供了丰富的服务，实现智能识别、定位、跟踪、监控，这是物联网发展的目的。控制应用程序可以向用户显示太阳能热水器的运行状态和热水器的实时控制，并提供与产品相关的论坛和网站的链接。控制应用程序通过手机中的移动数据与云平台交互。

云平台：控制面板和控制应用程序之间的接触点。

家庭路由器：家庭路由器的作用是连接不同的网络，并选择用于传输信息的线路。如果选择一条平滑快速的线路，可以大大提高通信速度，减少网络系统的通信负载，节省网络系统资源，提高网络系统的速度，从而赋予网络系统更大的优势。对于物联网智能控制系统而言，家庭路由器是家电在互联网上的入口。因此，路由器产品制造商之间的竞争也非常激烈。

物联网的作用是实现控制系统的远程控制、远程维护、自动报警和模糊记忆等功能。将物联网应用在太阳能热水器上的目的是用户使用更加方便，提高用户的生活质量，并提供全方位的信息交互功能，使太阳能热水器更加节能。

2.1.5 物联网在智能电网领域的应用

全球对能源需求的持续增长以及对能源供应安全的需求的增加，推动着人们努力将传统发电电网转变为涉及可再生能源的灵活智能电网。然而，这个转变面临着一个复杂的环境，其中需求和供应随时间动态变化。在这种情况下，实时数据的收集、管理和评估成为一个非常具有挑战性的任务，涉及网络系统的互连过程以及许多变量、设备、系统。

为了解决这些挑战，需要特殊类型的电网和自动化离网网络。这些网络的设计和运营涉及多种能源来源的整合和管理，需要做出许多不同层次的决策。在这种情况下，像蓄电池这样的中间存储系统可以起到中间可再生能源（RES）的安全激活器的作用，用于平衡和管理多种可再生能源的供应，确保能源的安全和稳定供应。同时，这些网络需要各种技术、系统和通信解决方案通过新的协同范式即物联网的启用感知来相互关联，并受到各种设计限制、操作要求的影响。这种物联网的应用能够实现能源网络的协同作用，促进数据的实时共享和决策的快速响应，从而提高可再生能源的利用效率和电网的运行性能。

在配电系统中有效利用能源可以节省资金、恢复可持续性并减少整体碳足迹。实现智慧能源管理的要求是配电系统和智慧城市效益的最大化，但成本最低、易于实施和保护性较低的技术限制了系统大规模的部署。在这方面，物联网技术是解决这一挑战的自然选择。智慧能源管理系统的主要目标是集成通信实体，以便使用通用信息模型与每个参与者进行交互。物联网技术通过使用各种无线传感器收集所需的数据，为大规模的能源消耗检测、观测和控制提供了无处不在的计算平台。物联网的应用使能源消耗的监测和控制变得更加智能和高效，有助于实现节能和可持续发展的目标。

在过去的十年里，很多人将注意力集中在引入智能系统和电器上，以满足实际的需求，让生活更舒适。同期，电力部门也进行了必要的创新，通过引入"智能电网"来平衡电力供给过程中的需求，有效利用电力资源。智能电网是能源改革的重要部分，是未来的现代电力系统，它利用物联网对电力系统中的各种智能通信进行监控、控制和创建。

能源互联网表征了物联网和智能电网的结合，传感器等物联网元素部署在微电网周围以监控微电网。能源互联网结构如图2-2所示。

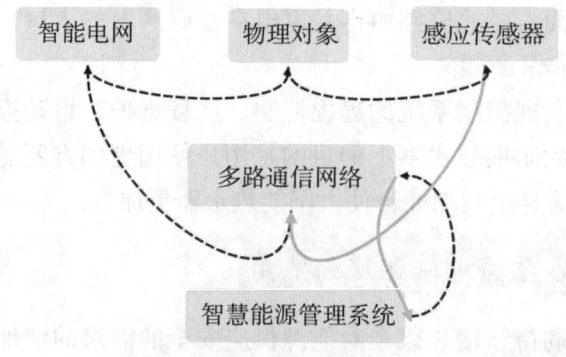

图2-2　能源互联网结构

目前，研究学者们讨论了有关智能电网和物联网的各种建议和实践，分布式能源发电系统中的控制和管理任务比单独的能源转换更具挑战性。在这种情况下，研究基于物联网的技术变得更加重要。

最近，工业互联网已被引入能源行业，分布式能源系统中的所有资产都被视为智能工业设备，因此可以应用类似的工业分布式控制。工业互联网使用大数据或云计算方法等最新IT工具来处理分布式能源资产的控制信号流，其中，云计算是被广泛接受的平台，被认为是物联网应用的基本解决方案。

物联网的到来使多个工业部门受益；其中之一是电气行业。它使物联网成为智能电网的一个有吸引力的平台，因为它提高了电网系统从配电到输电的监控、分析、可用性、自治和控制。在这项工作中，提出了电气物联网，一个用于电气系统数据管理的平台。电气物联网平台依靠LPWAN技术来连接地理分布的电气设备。这种方法试图涵盖变电站的防火系统、需求管理的控制和监视、电气资产管理以及冰箱应用中的智能电源管理和监控，但其他智能电网应用也适用。电气物联网平台实现了LoRa、LPWAN技术及其LoRaWAN协议可在第一阶段远程连接电气元件，该节点与具有相应仪器、LoRaWAN网络和自定义应用服务器的电气元件耦合；然后考虑了物联网网络的所有组件，证明了电气物联网平台适用于解决电气行业的多种应用，还揭示了数据处理和分析、集成更多物联网协议以及在进一步研究中巩固电气行业和智能电网中完整的物联网生态系统的大好机会。

2.2 能源设备状态感知概述

如今，为了降低能源成本和提高能源利用效率，现代工厂正在推动能源替代和整合，为工业向综合能源系统转型铺平了道路。因此，迫切需要将传统的能量级联和存储技术发展为综合能源系统，这在上述文献中尚未得到进一步研究。因此，本章首先构建了一个具有多种能源供需的典型综合能源系统的平台调度服务系统，方便能源合理调用。物联网系统的建立首先要具备采集数据的能力，这也是所有物联网的基础，因此对能源设备状态的感知就尤为重要，本章将展开说明搭建能源设备状态感知的常规方式。

能源设备状态感知领域较为宽泛，本章将以太阳能应用系统和风力发电系统为例，深入阐述能源设备主要类型及在感知能源设备时传输的信息数据。能源设备状态感知的本质就是采集设备在运转过程中所产生的数据变化，不同类型的能源设备运转过程中所需要采集的数据类型也是不同的。

在能源设备感知过程中，使用合适的传感器起着关键作用。下面将详细介绍传感器在能源设备感知中的重要性，并概述目前市面上常用的传感器类型。通过对传感器类型的梳理，可以确定能源感知过程中所需采集的数据类型，并为能源设备感知提供数据通道。传感器能够将设备状态转换为不同类型的数据，通过数据处理，能够清楚了解设备状态的变化，实现能源设备的智能感知。通过对已采集数据的分析，还可以预测和分析设备状态的变化趋势，进一步深入分析设备状态，并应对设备突发状况。传感器的应用在能源设备感知中具有重要意义。

2.2.1 太阳能应用系统设备状态感知

太阳能供水供暖系统感知数据分析如下。

（1）温度感知：在太阳能设备管道中设置温度传感器，感知太阳能集热器出口处水温；设计在太阳能水箱内设置温度传感器，感知热水箱内热水的温度；在用户太阳能箱体管道内分别设置温度传感器，感知所提供的热水温度。

（2）液位感知：在太阳能箱体内安装液体位置感应开关，从而达到感知箱体内液位变化情况，当发生箱体内液位过高或过低的情况时报警。

（3）压力感知：在太阳能热水器加热罐内安装压力传感器，感知用户供水罐内压力的变化。

（4）水流感知：在太阳能上水管道、辅助加热上水管道、用户供水管道内安装水流开关，感知其中的水流状态。

（5）设备故障状态感知：通过感知强电控制柜中水泵过载热继电器的开关转台，判断感知太阳能上水泵、补水泵、辅助加热上水泵和用户供水泵的故障状态，发生故障进行报警。

太阳能供暖系统的能源状态感知主要采集压力、温度、水位和水流状态信息，通过采集到的数据对能源设备状态进行判断。物联网平台搭建完成后，对相关数据进行分析来预测水温变化趋势，结合当地天气情况智能调节太阳能水箱内水位变化，从而使太阳能利用率最大化。

2.2.2 风力发电系统设备状态感知

在当前，风能以风力提水、风力发电、风帆助航和风力制热等形式广泛应用于生产和生活领域。其中，风力发电经过长时间的发展已成为主要的风能转换和利用方式，并且仍在快速发展中，不断扩大其应用空间。为了确保风力发电机的长时间高效运行，并成功将产生的电能输送至电网，必须引入计算机控制技术的自动感知系统。

风力发电系统由风轮、增速器（直驱风机除外）、联轴器、调向装置、发电机和并网开关装置组成。自动感知系统通过传感器收集主要参数，包括主发电机的最大输出功率、切出风速、工作风速、输出功率、切入风速、额定风速、风轮转速、发电机并网转速、发电机发电频率、发电机输出电压、并网最大冲击电流等。通过物联网连接，对这些数据进行全面分析，能够感知设备状态的变化、判断设备状态变化，并相应调整电流传输状态。

引入自动感知系统和物联网技术对风力发电设备进行监测和管理，有助于提高发电机的效率和可靠性，并实现对风力发电系统的实时监控和优化。这种系统能够通过实时数据分析和设备状态判断，提供有效的调整和维护措施，提升风力发电系统的性能和运行效率。

2.2.3 传感器在数据采集领域的应用

能源设备状态的感知主要依赖传感器对设备状态数据的采集。在物联网的发展和智能基础设施的应用中，光子传感器数据采集技术长期发挥着重要作用。光子设备和系统在智能基础设施中的应用不胜枚举，如成像传感器和测量各种物理量和化学量的传感器（温度、应变、力、加速度、倾斜、旋转、振动、速度、荧光、发光、吸光度、折射率和湿度），此外，光纤通信系统和网络以及光学定位系统也是重要的应用领域。光学技术主要涉及设备层（传感器和执行器）和网络层（传输能力）。虽然光学效应和结构是实现各种传感器和执行器的可能选择之一，但现代传输网络基础设施主要依赖于光通信系统。因此，光通信和交换技术在为物联网系统提供无处不在、高性能和可靠的传输网络方面发挥着核心作用，这将促进设备状态数据的传输和交换，支持实时监测和控制，从而提升能源设备感知的效率和可靠性。

物联网设备与系统的限制很大程度上取决于所选择的物联网应用场景。对于一些应用，如环境监测或交通控制，需要在广大地理区域内分布大量的传感器，因此，对于这类应用而言，极低的能源消耗、长久的电池寿命和广阔的网络覆盖范围是非常重要的要求。另外，制造过程控制和家庭自动化等应用，对能源消耗、电池大小以及网络覆盖范围的要求相对宽松，因为网络覆盖的范围是有限的，并且该应用场景下通常可以直接接入电网。此外，对于移动性、灵活性和数据传输速率的要求也会因所采用的应用和实施方法的不同而有很大的变化。就像大多数用于物联网的技术和方法一样，光子通信系统和传感器设备并非适用于所有物联网场景。然而，由于光学传感器可以以离散和分布的方式感知大量的数量和属性，它们在相对广泛的范围内都是适用的。与电气和电磁传感器相比，光学传感器的主要优势在于其可在潮湿和恶劣的环境中使用，因此，光学传感器可用于水下系统、监测能源生产和分配系统的结构健康、原位和体内应用、医院和手术室、恶劣的生产环境等。

就传输和网络能力而言，光传输技术由于其引导/定向信号/光束传输模式，能够在长距离上提供非常高的数据传输速率，并且比无线电传输系统更安全和高效。有些物联网应用需要大带宽，例如电子健康、远程医疗、大型软件更新、视频控制和监控（如闭路电视-CCTV）、自动驾驶汽车和虚拟现实等，一旦这些应用得到广泛实施和使用，对网络中大容量路径的高度灵活和快速提供方面会出现更高的要求，而这只有现代光网络技术才能满足。

光学传感器在一些应用中已经使用了数百年，如成像和距离测量。在过去的几十年里，光子材料和效应已被广泛用于传感应用，光学传感器也已经在多个领域找到了广泛的用途，如全息技术、自动化大规模制造、运输和健康应用等。在敏感的环境中，尤其是在健康系统的原位和活体应用中，光学系统具有显著优势。

光学系统的优势在于其固有的特性，如波长短、体积小、重量轻、无电磁辐射、抗电磁干扰，以及远程和多位置测量的能力。这使其适用于恶劣的环境。在恶劣环境中，抗电磁干扰的能力发挥了关键作用。光学传感器的典型应用包括以下几个方面。

（1）测量物理量：物体的温度、速度、加速度、应变、压力或形状等。

（2）通过检测分层、变形和开裂以及测量振动来监测复合材料的健康状况震动监测。

（3）测量各种化学特性、生物医学和生物识别应用：测量血流量、测试皮肤刺激物、胃和十二指肠的血液灌注测量、长期健康评估、获取指纹图像等。

（4）工业应用：产品的表征、实时热成像、成分分析、检测分层和缺陷、表面检查等。

2.2.4　光学传感器的分类

光学传感器主要基于光纤作为波导，并利用其中发生的某种效应，聚合物、石墨烯及其衍生物也是有价值的材料选择。此外，自由空间光学也可以用于感知环境的特性。基于光纤的光学传感器有不同的实现方式，人们可以根据预期的应用或目的来进行分类。常见分类如下。

（1）根据调制和解调过程，传感器可以基于强度、相位、频率或偏振调制。

（2）光纤传感器可以分为内在型和外在型。在内在型传感器中，光纤本身通过光信号的一个或多个物理特性的变化（如相位、强度、波长或偏振）来感知。这种传感器主要用于测量温度、压力、流量或液位等参数。它们通常易于使用且价格较低。如果光纤主要用于引导光进入和离开传感区域，而传感过程主要发生在光纤之外，则称为外在型传感器。外在型传感器的主要应用是测量加速度、应变、旋转、振动和声压等参数。与内在型传感器相比，外在型传感器更加敏感、成本更高，并且需要更复杂的信号处理。

（3）根据测量点的不同，可分为点式（离散）、多路复用和分布式传感器。在点式传感器中，传感发生在光纤中的一个测量点上。多路复用传感器能够在单根光纤中提供多个测量点。在分布式传感器中，传感是以分布式的方式在光纤的任何一点上进行的。

（4）关于预期的应用或要感应的物理属性，可分为物理传感器、化学传感器和生物传感器。物理传感器用于测量温度、磁场、浓度、湿度、应变等物理属性；化学传感器用于感知化学特性，如用于测气体或液体环境、pH系数、折射率等；生物传感器应用于感知生理参数、葡萄糖和凝血酶检测以及血流等方面。

光学传感器中，最广泛使用的是用于测量物理属性的传感器，例如温度传感器、压力传感器、位置传感器和流量传感器。其中，温度传感器是商业上最常见的一类光学传感器。尽管基于各种效应和测量方法存在多种不同实现方式的光学温度传感器，但基于光纤的分布式传感器在温度监测领域应用最广泛。特别是对于需要使用大量传感点绘制温度曲线的应用，分布式温度传感器显示出巨大的优势。一些应用示例包括炼油厂的管道、隧道、电化学过程、电力电缆、馈电带和油井等。在基于光纤的分布式传感器中，常利用拉曼散射效应进行温度测量。在这种方法中，激光器产生的短光脉冲被注入实际用作传感元件的光纤中。由于光与光纤材料相互作用，光被散射，其中背向散射的光信号与产生光的传播方向相反，其中包括瑞利散射、布里渊散射和拉曼散射的成分。关于温度的信息可以通过测量背向散射光中的拉曼散射成分获得，因为它是由受热影响的分子振动引起的。拉曼散射光的反斯托克斯成分显示出对温度的强烈依赖，而斯托克斯成分则不受温度影响。通过过滤和测量这两个成分（它们具有不同的波长）的强度比，我们可以获取有关温度的信息。由于产生并注入光纤的光脉冲持续时间非常短，仅为几纳秒，因此可以通过测量背向散射光的到达时间来确定沿光纤的确切位置。

压力传感器通常基于可移动的膜片结构，其中包含一对平行的部分反射镜，由空气间隙隔开。这种结构本质上形成了一个法布里-佩罗腔。当膜片暴露在压力下时，空气间隙的长度发生改变，从而改变了法布里-佩罗腔的传输特性。因此，通过测量逆向反射的强度变化来感知压力。流量传感器通常结合了压力传感器和文丘里效应来测量。通过测量具有不同孔径的文丘里管两端之间的压力差异，可以获取流速信息。位置和位移传感器在20世纪80年代初已经开发出来。这些传感器依赖于一个简单的原理，即近端镜面的移动导致注入光纤的光的逆反射率发生变化。在应变测量中，可以使用不同类型的光学传感器，例如基于光纤布拉格光栅（FBG）的传感器、偏振式传感器、干涉式传感器，以及基于拉曼散射、布里渊散射和瑞利散射的传感器，以及混合传感器。

化学传感器在光学领域也得到广泛应用。光学化学传感器通常基于带有部分透明镜面的光纤或分叉光纤。因此，大多数化学传感器属于外在型传感器，即待测的化学样品接近或集成在光纤的末端，具体取决于测量策略和光纤类型。光学化学传感器常用的测量光学特性包括荧光、发光、磷光、反射、吸光、蒸发、折射率和拉曼散射等。在选择适合特定传感器应用的设备时，需要特别注意待测物的特性。例如，由于磷光强度较低，光电探测器应具有高灵敏度。因此，在磷光传感器中，可以使用雪崩光电二极管（APD）或光电倍增管（PMT）。对于利用脉冲响应时域测量的荧光传感器，可以选择能够产生非常短光脉冲的脉冲源，并与高速检测器结合使用。在感应发光中，建议使用异型纤维尖端以减少反射光对光电探测器的干扰噪声。此外，也可以使用选择性膜来提高传感器的选择性，但膜会导致传感器的响应时间增加，因为光在穿过膜时会扩散。因此，在选择光学化学传感器时，需要考虑待测物的特性，并选择适合的光学设备和测量方法，以确保准确、灵敏的化学测量。

生物传感器是一种测量与生物参数直接相关的化学量或物理量的传感器。在实际应用中，生物系统会产生化学或物理变量的变化，这些变化可以通过测量光的属性的变化（如强度、相位或频率）来指示，从而完成相关测量。生物传感器的工作原理类似于其他传感器，但其特点是测量的目标与生物系统的活动和参数相关。一个经典的生物传感器例子是使用荧光素-荧光酶方法测量三磷酸腺苷（ATP）的含量。ATP 是在所有生物体细胞中作为能量辅酶发现的共同能量媒介。在该方法中，化学反应如下：

ATP+luciferin（荧光素）+O_2→oxyluciferin（氧化荧光素）+PP_i+CO_2+AMP+light（光）

该反应会产生多磷酸腺苷（AMP），并能够发出光，这种现象被称为生物发光。由于 ATP 的浓度与发出的光强度成正比，通过测量生物发光的强度可以很容易地测量 ATP 的含量。

生物传感器可以应用于许多领域，如生物医学、生物工程、环境监测等。它们提供了一种敏感、特异性高的方法来监测生物分子、细胞状态和生物过程，对于研究和诊断具有重要意义。

2.2.5 力学传感器的分类

力学传感器应用非常广泛，在传感器领域也是最常见的类型之一。

近年来，柔性传感器的发展极大地提升了力学传感器的性能。柔性力学传感器具有随形性、柔韧性和延展性等特点，相较于传统的刚性传感器，它们具有更广阔的应用空间和更强的环境适应性。因此，在生物工程、医疗器械以及各种多形变工作场所等领域，柔性力学传感器具有极为广泛的应用空间，吸引着众多科研工作者不断进行研究和性能优化。

压阻式力学传感器是一种常见的力学传感器类型。它的基本原理是利用功能层的压阻效应，将外界刺激信号转变为电阻值的变化，并通过阻值测量来实现力学信号的采集。压阻式传感器具有结构简单、能耗低以及检测范围广等优势，因此吸引了大批科研工作者对其进行深入研究。

另一种常见的力学传感器是压电式传感器。压电式力学传感器的工作原理是利用具有正逆压电效应的材料，在受到外力作用时产生电荷并发生形变，导致材料的内部电荷定向分布，从而在材料的两个相对界面上产生电压。压电传感器具有响应速度快、灵敏度高的优势，并广泛应用于电子皮肤、智能服装、医学探测等领域。

此外，电容式力学传感器也是常见的一种类型。它的基本原理是利用外界刺激信号使电容器的极板间距、正对面积和介电层的复合介电值发生改变，从而将测量信号转换为与之相关的电信号。

2.2.6 电感式传感器的分类

电感式传感器是一种常见的传感器类型。其工作原理基于电磁感应，利用线圈自感或互感系数的变化来实现非电量的监测，将被测参数（如位移、压力、振动、应变、流量等）转换为电感量的变化。电感式传感器可以分为以下三种类型。

（1）改变气隙厚度δ的自感传感器，也称为变间隙式电感传感器。这种传感器的气隙厚度δ会随着被测量的变化而改变，进而改变磁阻。其灵敏度和非线性随气隙的增大而减小。

（2）改变气隙截面S的自感传感器，也称"变截面式电感传感器"。这种传感器的铁芯和衔铁之间的相对覆盖面积（即磁通截面）会随被测量的变化而改变，进而改变磁阻。它具有固定的灵敏度和良好的线性度。

（3）同时改变气隙厚度δ和气隙截面S的自感传感器，也称为螺管式电感传感器。它由螺管线圈和与被测物体相连的柱形衔铁构成。该传感器的工作原理基于线圈磁力线泄漏路径上磁阻的变化，当衔铁随被测物体移动时，线圈的电感量发生变化。

这些电感式传感器在测量不同的物理量时采用不同的结构和工作原理，但它们共同利用了电感量的变化来实现力学量的测量。电感式传感器具有灵敏度高、响应速度快的特点，并广泛应用于工业、自动化控制、物流、汽车等领域。

2.2.7 传感器的应用

光学传感器具有广泛的应用领域。其中，基于强度的光学传感器是最早和最常用的类型之一，用于检测振动、位置、压力、温度或应变等参数。虽然这类传感器的实现相对简单，但存在一些限制，如损失变化与被测量参数之间没有直接关系，这可能是由于连接器和接头的不完善、光源和探测器的错位以及机械蠕变等引起的。另一种选择是利用相位调制或干涉测量结构。

将光学传感器与光纤和网络组件（如光复用器/多路复用器和交换机）结合使用，可以实现更复杂的传感系统并扩大其应用范围。目前，远程光纤传感和光学传感器网络的主要应用领域包括远程和连续监测结构健康、环境监测和监控、家庭安全、农业、医疗监测、运输系统监测和工业应用等。多种类型的光学传感器可用于远程配置，包括分布式传感器和离散式传感器。离散式远程配置主要基于法布里-佩罗和光纤布拉格光栅（FBG），而分布式配置主要利用布里渊散射和拉曼散射。

中央监测和控制站包括可调谐激光器用于产生不同波长的光，可选泵浦激光器用于放大或远程泵浦，以及用于测量位于远程位置传感器反应的测量设备。在如图2-3所示的遥感系统中，光纤布拉格光栅（FBG）用于传感，这样的系统覆盖范围可以从几千米到几百千米。为了实现长距离系统，通常需要应用放大技术，如掺铒光纤放大器（EDFA）。远程光纤传感的一个重要优势是可以在单根光纤上复用多个传感器。最近，使用双泵浦随机分布式反馈（DFB）光纤激光器实现了对距离超过290千米的干涉测量传感器的远程查询。光纤链路不仅可用于传感，还可同时传输数据和电力信号到远程传感器节点。

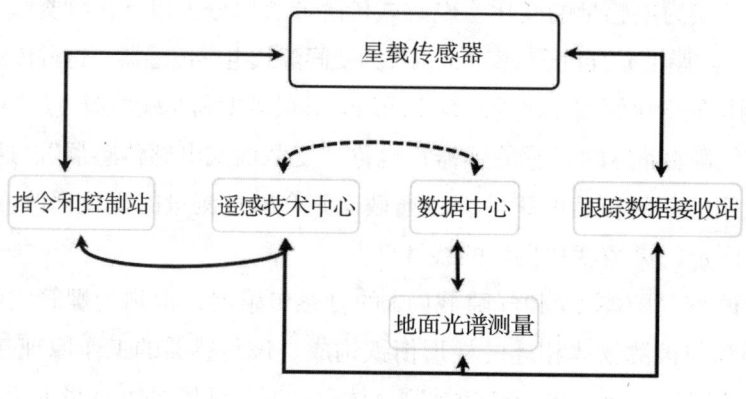

图2-3　遥感系统

一些网络安排和拓扑结构，包括简单的传感器阵列、串行和梯形安排以及树状和部分网状拓扑结构，已经被考虑用于传感器网络。为了实现这些拓扑结构并提高其可靠性，可以采用光学透明开关和路由器等设备。除了基于光纤的传感器网络，光学无线传感器网络和基于视觉光通信的系统也备受研究界的关注。这些系统考虑了地面自由空间和水下通信。一种有趣的方法是在混合/聚合传感器网络中整合光学无线和无线电技术，在一个系统中充分发挥两种技术的优点。通过这种方式，可以实现扩展的频谱、更大的覆盖范围、对移动性的支持以及高数据吞吐量。

在过去几十年中，光传输技术和网络在实现高容量、高性能和灵活的网络基础设施方面取得了巨大进展，出现了许多新的技术和网络概念。其中一个主要推动力是机器对机器通信和智能基础设施等应用的快速增长。这些新应用对网络基础设施的要求非常高，尤其是在与传统通信应用和服务相比较时。低端到端延迟、高可用性、数据一致性和安全性等特性对于许多物联网应用来说都是重要要求。

建立工业互联网智慧能源管理服务平台可以推动我国能源利用方式由粗放低效转向绿色精益，使生产组织由分散无序变为协同互通，从而实现人类社会能源的绿色发展和可持续供应。然而，目前大量底层技术（如服务器、工业大数据、边缘计算等）仍然依赖国外，存在严重的安全风险。这成为我国能源企业部署工业互联网平台的重大障碍，严重影响了我国信息技术产品的更新换代，也影响了我国产业转型升级的步伐。

针对工业互联网智慧能源管理服务对在线监测、故障抢修、负荷管理、巡视管理、运维托管、节能改造等应用需求，需要重点突破以下五个关键技术问题：

(1) 基于物联网的能源设备状态感知与在线安全监测技术；
(2) 基于国产鲲鹏架构服务器的云计算管理平台技术；
(3) 面向多业务链时空大数据的多视角认知与分析挖掘方法；
(4) 基于端-边-云全场景的AI模型自动协同技术；
(5) 工业互联网智慧能源管理服务云平台研发及其示范应用。

2.3 基于物联网的能源设备状态感知的原理

物联网，简而言之，就是将各种信息传感设备与互联网结合起来而形成的一个巨大网络。其具有以下三个特征。

(1) 传感器特征：各种感知技术被广泛应用，部署海量的多种类型传感器，将其采集到不同格式、不同内容的实时数据作为信息源，并按照一定的周期频率更新数据；
(2) 互联网特征：物与物（M2M）通信技术的应用，实现在人、机器、系统之间建立通信连接，并进行交互式通信。
(3) 智能化特征：利用云计算、数据库、模式识别等各种智能技术，扩充应用领域，实现自动化、自反馈和智能控制。

在前一小节中，我们研究了能源系统中相关数据的采集、传输、处理和存储方式。这充分展现了物联网的传感器特性。基于物联网的能源设备状态感知原理可以通过传感器采集设备状态变化时产生的数据，并通过物联网传输和处理这些数据，进而获取设备状态信息，为能源的传输和调配提供控制。此外，如果将这些数据进一步上传到更广泛、更高层次、更庞大的物联网信息处理中心，就需要解决数据接入问题，并需要覆盖更大区域的信息传输网络。

为了解决数据接入问题，需要研究物联网数据同步采集与处理技术，提高数据采集的同步性和准确性。同时，还需要研究兼容多种通信协议和接口的智能网关技术，实现工业现场多种通信协议标准下的实时数据采集、整理和分发功能。此外，还需要研究密钥离散化生成算法，通过实验分析密钥生成方案的认证性能和安全性能。

未来智能城市应用和系统的实施的主要前提是存在一个高效和可靠的智能基础设施。这样的基础设施整合了水分配系统、电网、交通基础设施（公路、铁路、有轨电车和地铁）、信息技术、分布式智能感应系统和通信网络等各种基础设施。智能医疗是另一个重要应用领域，它可以改善病人护理质量和医疗服务提供方式，如通过更好更快的诊断、更好地治疗病人以及提高运营效率。在生产环境中，控制系统领域的最新发展与现代信息通信技术相结合，是第四次工业革命的主要动力。在未来几十年中，这一趋势可能导致工业流程的彻底改变。机器对机器（M2M）通信和物联网（IoT）的广泛渗透和广泛实施将消除制造业和电信业之间的传统界限。因此，大量的传感器、执行器和其他各种智能设备通过无处不在、高性能和高度可靠的通信网络相互连接，是构建有效和无处不在的物联网的关键要素。最佳组合和整合这些设备和技术，并实现智能和有效的数据采集和处理，是实现综合和智能基础设施和系统的关键因素。

2.3.1 常规数据采集方法

能源的合理使用是资源节约最好的方式之一，而衡量资源合理的标准却又非常难以制定，量化资源应用情况、了解背景并跟踪缩小差距都需要数据。没有数据，能源系统就无法改善其能源的使用方式、从自己的实践中学习、与其他中心有效合作，或者成功地利用其需要的资源。在数据稀缺的中低收入国家，当地的提供者与指导资金的政治机构之间经常存在很大的脱节。

大数据时代的到来更加强调数据的重要性。各种技术生成的开源数据，包括用户生成的社交媒体数据和街景图像，为学者们克服传统城市研究中地理边界和数据不可用的障碍开辟了新视野。有学者使用开源社交媒体数据研究了能源环境与能源运输活动之间的关系。当然，数据采集不仅仅使用在工业能源开发上，更可以应用于城市建设，能够使公交服务更好地了解用户的需求。社交媒体提供了一种全新的方式来捕捉这些需求，并通过广泛的信任分析方法进行研究。Hosseini利用11个月的推特（Twitter）数据，通过开发一个综合方法，结合社交和语义网络分析以及情绪分析，探索了公交用户对各个主题的意见动态。该研究结果还通过对346天的每日24名受访者进行客户调查的三角测量进行了验证。社交网络分析关注用户之间的互动关系，即"谁关注谁"。在这个网络中，形成了一个繁荣的社区，而不是一个随机或高度互联的图形结构。语义网络分析用于检测用户感兴趣的主题或问题，如有关服务中断的主题。情绪分析通过研究跨主题、跨组和随时间的情绪分布来揭示用户对主题的感受。语义分析与用于探索用户意见的情感分析相辅相成。社交网络分析捕获点对点信息流的变化和来自交通机构的意见。这项研究表明，社交媒体分析与其他数据源的三角剖分可用于改善交通服务。

获得正确的数据十分重要，因为量化数据几乎可以影响所有主要的业务和政策决策。一些错误陈述可能看起来无伤大雅，但错误的信息被广泛接受并不会带来任何好处。使用统计数据的不准确性与边界和定义直接相关。在评估1 000个家庭是否真正由1 MW供电时，我们还必须确定正在比较的对象类型，以及比较的根据是能源还是峰值需求。例如，家庭大小、电器拥有量、小气候、家庭收入和居住者行为的变化都会影响特定家庭的用电量。

此外，选择测量能源供应站的位置也很重要。以供电站为例，由于输配电损耗（通常为5%~8%），仪表上的供电电压需求与供电站母线的输出电压存在差异。不幸的是，这种数据区别很少被采集到。我们可以通过两种方式进行计算：一种是瞬时功率，可以是任何时间点（通常是峰值时间）的瞬时功率；另一种是平均功率，它与一定量的能源使用或发电量随时间的推移相关。这两种假设在不同的时间段内使用过，选择其中一种可能会影响基础比较的有效性。作为基本负荷资源运行的供电站每兆瓦可以提供比调峰电站或某些不可调度资源多得多的千瓦时，这也会影响比较的结果。因此，在选择能源供应站的位置时，需要考虑各种因素，包括不同时间段的功率需求以及不同类型的供电站的能源供应能力，以确保选择的站点能够满足实际需求。

2.3.2 建立能源感知物联网实例

本小节将以智能电网为例，详细阐述物联网融入能源系统的实质作用，并展开说明物联网优化能源系统的积极影响。随着智能电网的快速发展，配电网设备的利用率在电力系统经济中起着至关重要的作用，受到了广泛的关注。过去十年，中国配电系统建设投资已达1 500亿美元，并且还在不断增加。应用智能用电技术提高配电网设备的利用率，可以显著降低所需的配电网投资。可再生和可持续能源以其巨大的发展潜力、清洁、低污染等特点在电力行业得到广泛应用，然而，可再生能源和可持续能源在电力行业的应用受地理、天气等因素影响，会引起配电网的波动，造成不必要的损失。由于这一限制，可再生能源和可持续能源在电力行业没有得到充分利用。

智能用电技术的引入可以有效弥补可再生能源和可持续能源应用的局限性，使其得到充分利用，提高设备利用率。此外，设备利用率的提高有利于降低生产此类设备所使用的设备数量和能源消耗。智能用电技术的普及影响着供需双方设备的利用率。供电侧存在的问题是供需不同步，峰谷差较大。配电网必须扩大设备容量以适应负荷高峰期，在低需求时期造成了巨大的浪费和低利用率，而需求侧最大的问题是负荷的不确定性和控制难度。以此为切入点，分析智能用电技术和措施旨在从供给侧和需求侧提高配电网设备的利用率。设备利用率的提高可大幅度减少配电网所需投资。

另外，要建立具有储能能力的智能电力设施。储能在提高间歇性能源的利用率和错峰负荷方面发挥着至关重要的作用。电能存储技术作为最经济、最有效的削峰填谷技术之一，具有广阔的发展前景，不仅可以平衡配电网的负荷，提高设备的利用率，还可以提高能源的利用率，缓解能源危机。蓄冷空调、蓄热电锅炉和热泵机组等广泛应用该技术。电能存储技术可以在夜间的低谷时段储存能量，并在白天的高峰时段释放能量。因此，可以实现负荷错峰，有利于提高负荷率，也缓解了配网高峰需求压力，减轻配网设备负担，提高设备利用率。如电动汽车充电，电能存储技术可以弥补夜间低负荷需求，并在高峰期为配电网提供电动汽车储能，缓解电力供应紧张，增加了负载率，电动汽车电池所储存的能量可作为电力系统的备用容量，配电网企业可减少设备容量，电力系统负担不变。同时，通过分时电价激励引导消费者参与调峰，提高负荷率。配电网企业将无须在电力供应紧张时停电，配电网设备的开关频率随之降低，有利于减轻设备老化损耗。

通过智能用电设备和智能电网将电能存储技术应用到工业和日常生活中，可以有效提高配电网设备的利用率。相变材料在智能用电设备中起到储能的作用，由于其良好的热能储存能力，被广泛应用于各种调峰用电场景。现有研究表明，无论是否实施负载控制策略（从10%到57%），它们对峰值负载的降低都有显著影响。不同类型的储能技术各有优势，适用于不同的应用。电能存储技术可以降低企业的日用电高峰需求和用电设备容量，有利于充分利用现有设备，降低投资成本。配合电价政策，还可以降低企业的运营成本。

缺电多发生在用电高峰期，用电峰谷差距拉大的问题并未得到彻底解决。随着新发电机组的投产，我国电力供应总量缺口将逐步缩小。但仍存在负荷峰谷差距扩大、机组利用率下降、高峰期用电不足等问题。DSM（Digital Terrain Model，数字地形模型）和需求响应作为智能功耗中最重要的两种方法，用于鼓励消费者参与错峰负荷，对提高配电网设备利用率有很大作用。与传统的DSM相比，智能电网中的DSM具有更好的负载监控技术、智能控制技术和终端节能效率，可以更好地实现供需平衡，提高设备利用率。将DSM与具有储能功能的智能电力设备相结合，可以将配电网的负荷从高峰期转移到低谷期，提高负荷率，降低配电变压器的容量。因此，加强DSM对推广电能存储技术具有重要意义。

2.4　物联网数据同步采集与处理技术

物联网有望提供尖端技术，实现与医疗保健、制造、智慧城市和各种人类日常活动相关的众多创新服务。在典型的物联网场景中，大量自供电的智能设备收集现实世界的数据后通过无线链路相互通信并与云端连接，以交换信息和提供特定服务。然而，与无线传输相关的高能耗对这些物联网自供电设备在计算能力和电池寿命方面产生了限制。因此，为了优化数据传输，必须探索不同的方法，例如协作传输、多跳网络架构和复杂的压缩技术。压缩感知是一种非常有吸引力的范式，可用于物联网平台的设计。它是一种新颖的信号采集和压缩理论,利用大多数自然信号和物联网架构的稀疏行为来实现高效物联网应用的节能实时平台。本章节评估了旨在将压缩感知纳入物联网应用的现有文献,研究压缩感知的发展趋势,并确定了未来基于压缩感知的物联网研究的几种途径。

2.4.1 物联网数据采集与处理概述

物联网是指连接到Internet提供特定服务以满足用户需求的大量智能嵌入式设备。

物联网平台通常部署大量智能对象,包括可穿戴传感器、执行器和射频识别(RFID)设备,用于远程监控各种物理、环境和生理参数,改善最终用户的日常生活。这些物联网设备通常以长期运行模式工作,并通过无线通信相互连接和与中央融合节点通信,以支持各种远程监控平台。通常,遥感设备是由电池驱动的,因此它们的性能容易受到电池寿命的限制,导致集成度和用户依从性较差。为了克服这些限制,首先需要对采集的数据进行压缩,然后通过优化的传输路径传输到融合中心,以最大限度地减少能量消耗。然而,应用先进的数据压缩和传输技术可能会消耗大量的车载能源。因此,所采用的压缩技术必须能够在长期监控的同时保持有效,并且具有优化的功耗。

压缩感知是一种新兴的信号处理范例,旨在在感知阶段直接获取具有稀疏行为的信号的压缩形式,并在接收阶段实现高质量的重构。压缩感知为传统的数据采集提供了一种替代方法,规定测量样本的数量应至少等于原始信号中的样本数量,以确保准确的重建。然而,这些条件没有考虑信号的结构。因此,如果感兴趣的信号是稀疏的,即信号可以用比其原始维度更少的非零系数表示,那么压缩感知声称只需要进行少量的随机线性测量就足以捕获信号中的重要信息以提供可接受的重建质量。对于大多数实际应用来说,通常可以找到适当的变换,使感兴趣的信号具有稀疏或可压缩的表示。因此,压缩感知已广泛应用于雷达、图像处理、生物信号压缩、无线通信等各种领域。

在医疗保健领域,压缩感知也得到了广泛应用的探索。专家认为,压缩感知将在医学实验室和病理学测试等需要生成大量数据的情况下发挥作用。压缩感知还可以改进可穿戴健康监测平台,使其更小、更便宜、更节能。压缩感知有望优化无线移动设备中使用的功率和能量,延长传感器的使用寿命,显著简化硬件设计并降低整个医疗保健平台的尺寸和成本。基于压缩感知的医疗保健应用包括医学成像、心电图(ECG)监测、脑电图(EEG)压缩、生物识别解决方案等。

此外,物联网平台也将压缩感知集成到其各种应用程序中,基于以下两个属性。第一个属性是,通过适当的变换,稀疏信号可以很好地逼近大量真实世界的数据。例如，离散余弦变换（DCT）和离散小波变换（DWT）为心电图、图像、温度、湿度等数据提供了良好的稀疏表示。此外，可以通过字典学习方法形成适合的稀疏基。因此，对于大规模无线传感器网络（WSN）中的长期数据采集，探索压缩感知得到了广泛研究。第二个属性依赖于物联网平台常见的零星传输方案。在零星传输方案中，并非所有设备同时将其数据传输到融合节点，而是在任何给定时间只有少数设备对聚合信号做出贡献。换言之，每个传输时隙中活动设备的速率非常低。因此，可以利用稀疏感知和联合检测协议来探索云级别的架构稀疏性，并利用有关节点活动的知识，以使用较少的传输设备实现高数据可靠性。

本小节调查了基于数据采集和传输的物联网平台领域的不同研究工作，旨在强调部署基于压缩感知的联合物联网数据传输应用程序的重要性。由于物联网平台是一个多学科范式，支持从数据感知到启用的服务和应用程序之间的不同跨层连接，本章将物联网划分为感知、处理和应用程序三个主要层级。对于每个层级，对文献中已有的调查和量化的研究工作和未来研究方向进行了全面讨论，以设计和赋能基于压缩感知的高效嵌入式物联网平台。

2.4.2 物联网数据采集框架搭建

在构建物联网数据管理平台时，为解决数据接入问题，首先需要对底层采集到的数据进行分类。根据对感知物体的信息在一段时间内的变化情况，可将所采集的数据信息分为静态数据和动态数据，如图2-4所示。

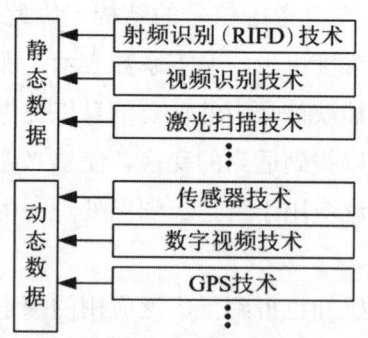

图2-4　两种类型数据对应的数据采集技术

静态数据主要指感知物体的本征属性，是指在一定时间段内没有数据变化的数据，也可以理解为数据不随着时间发生变化，而是一种固定属性，例如箱体容量、生产时间、保质日期以及体积大小等，此类数据是客观物体的固有属性，并不随着时间而发生改变；

动态数据主要包括如温度、风速、气候、日照时间等这类会随时间而变化的数据信息，在工业化物联网平台中我们一般将此类数据离散化，从而减少数据传输量。

物联网是由传感器、执行器、无线通信协议和数据处理技术组成的网络，它们相互交互以提供特定的应用程序。物联网通常以大量高度动态的异构设备为特征，每个设备具有不同且有限的通信和计算资源。软件/硬件级别的这种异质性需要新级别的网络/通信协议以及适应机制。此外，在这些设备的集成和管理中还必须解决其他几个问题，例如可扩展性、信息交换、功耗、互操作性和系统灵活性，以适应网络拓扑的动态变化。并且物联网已经将应用程序从单一设备的规模转变为嵌入式跨平台和云技术的实时大规模部署。因此，许多研究团队和标准化机构已经从多个角度探讨和解决了这些问题。

随后，不同研究学者还提出了不同的架构来建立物联网应用的通用框架。这些架构考虑了与物联网设备、通信协议、网络以及目标应用程序和服务相关的几个参数，其中提出了一个由感知层、通信层和服务层组成的三层物联网平台。物联网平台由多个传感器组成，这些传感器可以部署以收集有关不同物理现象的信息，这些传感器通过无线网络互连，并与本地处理单元进行通信，在该处理单元中可以存储数据并可以进行轻量级处理执行。数据被路由到托管在云上的应用层，在那里可以应用不同的数据分析算法来提供显式服务。

通过利用不同类型的智能设备（如车辆、医疗传感器、摄像头和RFID系统）之间的交互，物联网平台在过去十年中迅速发展。随后，实现了广泛的应用，例如实验监控、自动化工业、互联医疗、智能建筑、智能交通系统（ITS）、智能电网等。此外，人们越来越关注将物联网平台纳入环境。多个国家政府和领先的信息技术公司已经做出了巨大努力，在智慧城市的发展中采用物联网解决方案。尽管尚未明确定义统一的智慧城市框架，但开发这一应用领域旨在充分利用所有公共资源来提高为市民提供的服务质量。

2.4.3 压缩式数据采集与传输概述

压缩感知是一种两阶段的范例，它在传感器处以压缩形式获取数据，并在接收器处从较少的样本信号中有效地重建原始数据。这种范例可以克服传统无线传感器网络中采样和处理的挑战，该挑战主要依赖于Nyquist-Shannon（奈奎斯特-香农）采样定理。然而，由于大量冗余样本的存在，传统的采样方法面临着数据传输、处理和能耗的限制。

压缩感知理论表明，通过降低采样率，可以在不显著丢失数据信息的情况下超越传统采样理论的限制。如果信号是稀疏的或可压缩的，即信号的信息速率小于其带宽速率，那么可以使用比Nyquist-Shannon定理所需的样本数量更少的样本来捕获信号的全部信息。因此，压缩感知可以显著降低对稀疏或可压缩信号进行感知所需的采样和计算成本。

与传统的压缩技术相比，压缩感知采用了不同的方法。传统的压缩技术是一个两阶段的框架，首先进行采样以获取原始信号，然后对信号进行滤波、编码和特征提取，将信号的维度从N降低到M（M≪N），以实现数据压缩。而压缩感知是一个单级框架，旨在同时进行采集和压缩，以直接获取信号的压缩形式。压缩感知利用了真实世界信号在适当的基下表现出稀疏行为的事实，这种基可以是固定变换（如DCT和DWT）或通过字典学习形成。稀疏行为意味着信号的信息速率远小于其带宽速率。因此，压缩感知不需要按照Nyquist速率对信号进行采样，而是以接近信号信息速率的亚Nyquist速率对信号进行随机测量。通过在采样和量化之前应用压缩感知，压缩感知可以降低采样率并实现联合感知和压缩的目标。

在物联网应用中，应用压缩感知可以减少感知和传输所需的样本数量，从而降低能源消耗并实现长寿命。这对于需要连续数据的物联网应用非常重要。

2.4.4 压缩式数据采集与传输在物联网中的应用

任何物联网平台的核心都是构建传感层的智能设备。数据采集是使用部署在不同位置的多个复杂的智能物联网设备执行的，以根据目标应用程序长期收集各种类型的数据。收集的数据通常很大且包含一些冗余信息。因此，数据首先被传输到具有足够存储和计算能力的本地处理单元，以对样本执行不同的预处理技术，以提取不同的信息和特征。处理单元还起到网关的作用，只将有用的信息路由到云端，而不是传输整个收集的数据，这种方法可以显著降低网络带宽。通过在本地处理单元进行预处理和信息提取，物联网平台能够降低云端传输的数据量，提高数据处理的效率。本地处理单元可以执行各种任务，例如数据清洗、数据压缩、数据聚合和特征提取等。这样的处理单元具备足够的存储容量和计算能力，可以快速处理和分析数据，提取有用的信息，并将其传输到云端或其他需要的地方。通过减少云端传输的数据量，这种架构可以降低对网络带宽的需求，减少数据传输的延迟，并提高整个物联网系统的响应速度。此外，由于只有有用的信息被路由到云端，也减少了云端存储和处理的负担，降低了系统的运营成本。

压缩感知提出了一个非常有前景的范式，可以在物联网应用中进行探索。基于压缩感知的物联网框架可以在三个层次上实现。首先，在传感层面，数据采集和传输过程在功耗方面是一项具有挑战性的任务，将后者最小化是需要解决的关键问题。因此压缩感知可以作为一种压缩技术有效地部署，以开发一种用于数据采集和传输的节能方案。其次，可以将压缩感知部署在本地处理单元内实现的嵌入式系统上，实现"基于压缩感知的边缘计算平台"，对传感器传输的压缩数据进行聚合、存储和重构，以提取显著信息和重要特征。发送到托管应用层的云端，说明了压缩感知可以部署在物联网平台上的可能场景。

适当集成传感器、执行器、RFID和通信技术是构建所有物联网平台传感层的基石。为了满足高能效物联网应用的要求，应该探索高效的软件解决方案，以增强传感层的功能。其中的关键是采用最先进的压缩技术和数据路由协议，以提高能效和性能。传感器、执行器、RFID和通信技术的集成为物联网平台提供了全面感知和响应环境的能力。传感器用于感知环境参数和数据，执行器用于根据传感器数据执行相应操作或控制，RFID技术用于物体识别和跟踪，通信技术则连接各种设备和平台，实现数据传输和通信。为了提高能效，可以探索先进的压缩技术和数据路由协议。压缩技术能够减少传输数据的量，从而降低能源消耗和网络带宽需求。数据路由协议则确保数据在传感层中以高效的方式传输，避免冗余和延迟。通过适当集成和优化这些关键技术，物联网平台的传感层能够提供高效能的功能，满足各种物联网应用的要求。

物联网传感层的硬件部分主要包括RFID和无线传感器网络。RFID主要用于实现低成本的识别和跟踪应用，无线传感器网络则提供了广泛的传感和驱动能力。为了覆盖更广泛的物联网应用，相关研究人员已经进行了大量的研究和努力来扩展无线传感器网络的能力。RFID通常由两个主要元素组成：嵌入有唯一识别序列（ID）的芯片的RFID标签和用于无线扫描的RFID阅读器。在物联网中，RFID得到了广泛的应用，用于数据存储、对象跟踪以及与其他设备进行通信。此外，RFID还具有吸引力的解决方案，因为它们可以在无电池模式下运行，成本低且尺寸小。

对于物联网不同的应用，RFID以不同的形式使用。标签可以在人体上实现、部署在表面上或附着在墙壁或其他物体上。虽然RFID的读取距离并不大，但它们可以有效地部署在室内跟踪应用中。物联网应用见证了RFID的集成，该传感器可以有效地部署在不同的物联网跟踪应用中。设计的标签以半被动模式运行，读取范围可达5.6米。此外，它可以重新配置为在线模式下的连续数据传输平台或离线模式下的数据记录平台。阿特兰等提出了一种新型的无芯片RFID标签，采用了微机电系统技术，可用于物联网应用。这一原型标签有望降低RFID标签的成本，而无须制造芯片。因此，这种创新技术使得RFID标签的成本可以降低到与条形码标签相当，甚至更低。

另外，基于无线传感器网络的物联网应用可以分为室外和室内两类。室外监测收集可用于智慧城市环境的环境数据（光照、湿度、交通、GPS跟踪和空气监测），而室内监测更关注可提供远程医疗服务的智能家居应用，其中传感器可以分布在房屋各处以测量湿度、温度和检测运动，也可以部署在人体上以获取生命体征，如心电图、脑电图、血压、血液中的葡萄糖水平等。

在基于无线传感器网络的监控应用中取得的大部分进展可以轻松应用于物联网。然而，物联网应用与无线传感器网络应用之间存在一个关键区别，即设备异构性。无线传感器网络通常部署一组相似的传感器来收集单一类型的数据，而物联网应用程序中，大规模的传感器收集不同类型的数据。此外，错误的无线传感器网络节点部署会严重降低系统可靠性，增加整个平台的复杂性和成本。

传感层要解决的主要问题是高功耗。根据现阶段研究成果，通过无线信道进行数据的射频传输是最耗电，并且它会大大降低系统的性能。因此，确定在最小化功耗方面的最佳压缩技术是开发节能平台的第一步。

除了压缩感知，许多研究小组还致力于开发低功耗、低成本的压缩技术，并探索最先进的压缩算法。随后，人们做出了各种努力来建立不同的框架，以比较压缩感知和针对不同应用的最先进压缩算法，以确定最佳压缩技术。Mamaghanian 等开发了基于压缩感知的非自适应平台，用于在 Shimmer mote 上进行 ECG 压缩。此外，他们还对压缩感知和基于 DWT 的 ECG 压缩在重建质量、节点寿命和 CPU 执行时间方面进行了性能比较研究。研究结果表明，尽管 DWT 在重建质量方面优于非自适应压缩感知，但基于压缩感知的压缩数据显示出更好的能效性能，节点寿命延长了 37.1%，执行时间比 DWT 快 20 倍。还有研究者实现并量化了压缩感知的两种不同实现方法，即数字压缩感知和模压缩感知。分析表明，对于真正的无线传感器网络应用，数字压缩感知提供了更好的能效性能。此外，他们将压缩感知与 Lempel-Ziv-Welch 压缩技术进行了比较，压缩感知能够更好地节约能源并提高传输效率。

从另一个角度来看，物联网应用程序通常使用密集的无线传感器网络部署，其中传感器收集的数据是冗余且高度相关的。因此，有研究学者探索了利用冗余数据来最小化每个传感器的活动时间，以延长其寿命进而延长整个网络的寿命。此外，高度相关的测量值可用于实现只有少数传感器在每个时隙下处于活动模式的方案。基于这些观察，提出了一种基于压缩感知的物联网网络配水激活方案，该方案在每个时隙中选择少量传感器将其数据发送到接收器，从而显著降低功耗。最近还提出了主动节点选择框架，旨在提高信号采集性能、网络寿命和频谱资源的利用。该方法利用时间相关性，基于前一个时隙中重建的数据来选择活动节点。另外，在一个提出的压缩感知-无线传感器网络框架中，利用传感器读数之间的联合稀疏性来实现更多的数据压缩，并保持可接受的性能。还有文献提到了基于回归和压缩感知的另一种无线传感器网络节能理念。该理念将传感器划分为不同的集群，在每个集群中，只有一个传感器（参考节点）以周期性采样模式工作，而其他所有节点以基于压缩感知的方式采集数据。当 Sink 节点接收到所有节点的数据后，运行预测算法，从参考节点的信号粗略估计所有节点的信号序列。

2.5　多协议智能网关技术

随着工业能源领域的高速发展，越来越多的设备在投入生产运营过程中向智能化方向发展。然而，大部分生产设备都通过集成特定的通信模块构成各自的自组网子系统，导致设备之间的作业数据无法实时共享传输，从而影响生产效率的提高。为了解决这个问题，必不可少的是能够集成众多自组网通信协议并与使用不同协议的设备或子系统进行通信的多协议智能网关。物联网支持的技术改变了行业，被设想为由数十亿个互连设备组成的生态系统。增强的连接性和无线传感器的快速发展已经对社会互动和行为方式产生了根本性的变化。然而，协议和数据格式方面的设备异构性暗示了大规模部署时可能引入供应商和协议锁定问题。这种技术差距需要新型物联网网关来可靠地将无线设备连接到互联网。

在建立物联网智慧能源平台的过程中，每种协议格式的不兼容性导致数据通畅性受到限制，因此需要智能网关来兼容多种协议。在工业能源设备中，通常涉及多种协议，如 Modbus、PPI、MP、PROFINET、DVP、OPS、RS232、RS485、HTTP、COAP、DDS、AMQP、XMPP、JMS 和 MQTT 等。本章将详细介绍如何通过搭建智能网关实现不同协议之间的互通，以解决数据流通方面的问题。

第四次工业革命（FIR）时代，也被称为"工业4.0"时代，在全球不同行业（如安全、资产追踪、农业和健康）推动了数字化转型。过去十年间，科学界对物联网的关注越来越多，物联网成为物理世界和网络世界不断融合的重要组成部分。预计物联网范式将涉及数十亿具备计量、处理、传感和执行能力的智能设备，并与互联网相连。

2.5.1 工业设备常见协议类型

1. Modbus 通信协议

Modbus 诞生于1979年莫迪康公司后来被施耐德电气公司收购。Modbus 提供通用语言用于彼此通信的设备。Modbus 已经成为工业领域通信协议的业界标准，并且现在是工业电子设备之间常用的连接方式。Modbus 作为目前工业领域应用最广泛的协议。

Modbus 之所以使用广泛，是因为它具有独有的优势。

（1）Modbus 协议标准开放、公开发表且无版权要求。

（2）Modbus 协议支持多种电气接口，包括 RS232、RS485、TCP/IP 等，还可以在各种介质上传输，如双绞线、光纤、红外、无线等。

（3）Modbus 协议消息帧格式简单、紧凑、通俗易懂。用户理解和使用简单，厂商容易开发和集成，方便形成工业控制网络。

Modbus 通信中只有一个设备可以发送请求。从站处理信息和使用 Modbus 将其数据发送给主站。也就是说，不能 Modbus 同步进行通信，主机在同一时间内只能向一个从机发送请求，总线上每次只有一个数据进行传输，即主机发送，从机应答，主机不发送，总线上就没有数据通信。

2. PPI通信协议

PPI通信协议是一种主从式的通信协议，上位机即PC机为主，PLC为从。通信开始由计算机发起，PLC予以响应。PPI是一个令牌传递协议，与Modbus协议不同，PPI通信协议不限制能够与任何一台从站设备通信的主站设备数量，但在硬件上要求整个网络中安装的主站设备必须少于32台。网络中的多个主站之间不能相互通信。

PPI运行流程如下。

（1）计算机按通信任务，用一定格式，向PLC发送通信命令。

（2）PLC收到命令后进行命令校验，无误向计算机发送数据，做出应答。

（3）计算机收到初步应答后，再向PLC发送确认命令。

（4）PLC收到此确认后，执行计算机所发送的通信命令，并向计算机返回相应数据。它的通信过程要往复两次才完成一次的通信，不易出错。

PPI所有的通信程序都运行在主CPU上，从设备不需要特殊的通信代码，响应主站的请求，实现CPU之间的数据交换。

3. MP通信协议

MP是Multi-Link PPP的缩写，是将多个物理链路的PPP链路捆绑在同一个逻辑端口，旨在增加链路的带宽，只要是支持PPP的物理链路都可以启用MP，互相捆绑在同一个逻辑端口——Dialer口。MP允许将IP等网络层的报文进行碎片处理，将碎片的报文通过多个链路传输，同时抵达同一个目的地，以求汇总所有链路的带宽。相较于以太网链路需要聚合链路来实现链路的聚合，MP协议本身就属于PPP中，也显得PPP的功能的强大。

MP聚合链路建立的过程如下。

（1）检测对端是否为MP工作方式。首先和对端进行LCP协商，协商过程中，除了协商一般的LCP参数外，还验证对端接口是否也工作在MP方式下。如果对端不工作在MP方式下，则在LCP协商成功后，进行NCP协商步骤，不进行MP捆绑。

（2）将接口捆绑至虚模板接口。有两种方法可以将接口捆绑至虚模板接口：直接捆绑和根据用户名或终端标识符捆绑。

（3）进行NCP协商等操作。NCP协商通过后，即可建立MP链路，用更大的带宽传输数据。

4. PROFINET通信协议

PROFINET由PROFIBUS国际组织（PROFIBUS International，PI）推出，是新一代基于工业以太网技术的自动化总线标准。作为一项战略性的技术创新，PROFINET为自动化通信领域提供了一个完整的网络解决方案，囊括了诸如实时以太网、运动控制、分布式自动化、故障安全以及网络安全等当前自动化领域的热点话题，并且，作为跨供应商的技术，可以完全兼容工业以太网和现有的现场总线技术，保护现有投资。

PROFINET适用于不同需求的完整解决方案，其功能包括8个主要的模块：实时通信、分布式现场设备、运动控制、分布式自动化、网络安装、IT标准和信息安全、故障安全和过程自动化。

随着现场设备智能程度的不断提高，自动化控制系统的分散程度也越来越高。工业控制系统正由分散式自动化向分布式自动化演进，因此，基于组件的自动化（Component Based Automation，CBA）成为新兴的趋势。工厂中的相关的机械部件、电气/电子部件和应用软件等具有独立工作能力的工艺模块抽象成为一个封装好的组件，各组件间使用PROFINET连接。通过SIMATIC iMap软件，即可用图形化组态的方式实现各组件间的通信配置，不需要另外编程，大大简化了系统的配置及调试过程。

5. DVP通信协议

DVP（Digital Video Port）摄像头数据并口传输协议，提供8bit或10bit并行传输数据线、HSYNC（Horizontal sync）行同步线、VSYNC（Vertical sync）帧同步线和PCLK（Pixel Clock）时钟同步线。8bit或10bit是依Pixel的位深而定的，8bit A/D Pixel位深8bit，10bit A/D Pixel位深10bit。具体提供8bit还是10bit数据线依Sensor而定。有的Sensor虽有10bit数据线，但接线时一般只接高8位，舍弃低2位的原因是对图像效果影响并不大。有的平台也有10bit数据线，接线时也得区分是高8位还是低8位，并与软件解析相对应，不能是硬件接了低8位而软件仍按高8位解析数据，反过来也是不允许的。

DVP接口一个PCLK周期可以传输1byte数据，1byte数据并行输出，一行Pixel输出完后，Sensor输出一个HSYNC行同步信号，一帧所有行输出完成后，输出一个VSYNC帧同步型号。

6. HTTP通信协议

HTTP通信协议是超文本传输协议的缩写，是用于从万维网服务器传输超文本到本地浏览器的传送协议。HTTP是一个基于TCP/IP通信协议来传递数据（HTML文件，图片文件，查询结果等）。

HTTP通信协议的主要特点如下。

（1）简单快速：客户向服务器请求服务时，只需传送请求方法和路径请求方法，常用的有GET、HEAD、POST。每种方法规定了客户与服务器联系的类型不同。由于HTTP协议简单，使得HTTP服务器的程序规模小，因而通信速度很快。

（2）灵活：HTTP允许传输任意类型的数据对象正在传输的类型由内容类型加以标记。

（3）无连接：无连接的含义是限制每次连接只处理一个请求服务器处理完客户的请求，并收到客户的应答后，即断开连接采用这种方式可以节省传输时间。

（4）无状态：HTTP 协议是无状态协议。无状态是指协议对于事务处理没有记忆能力，缺少状态意味着如果后续处理需要前面的信息，则它必须重传，这样可能导致每次连接传送的数据量增大。另一方面，在服务器不需要先前信息时它的应答就较快。

（5）支持 B/S 及 C/S 模式。

2.5.2 多协议智能网关的作用

网关又称网间连接器、协议转换器。网关在传输层上以实现网络互连，是最复杂的网络互连设备，仅用于两个高层协议不同的网络互连。网关的结构也和路由器类似，不同的是互连层。网关既可以用于广域网互连，也可以用于局域网互连。网关是一种充当转换重任的计算机系统或设备。在使用不同的通信协议、数据格式或语言，甚至体系结构完全不同的两种系统之间，网关是一个翻译器。与网桥只是简单地传达信息不同，网关对收到的信息要重新打包，以适应目的系统的需求。同时，网关也可以提供过滤和安全功能，随着物联网的发展，单一网关已经无法满足物联网平台的需求，多协议智能网关进入高速发展阶段。

物联网网关的设计和评估已经引起科学界的广泛关注。在其他研究中，使用"IoTivity"框架，在实验室测试平台上成功开发了一个可靠且可自我配置的物联网网关。此外，还有学者报道了一种物联网网关即服务（Internet of Things Gateway as a Service，IGaaS）模型，它能够根据需求提供物联网网关，以保持和提高物联网系统的服务质量。这些研究对物联网网关的进一步发展和应用具有重要意义。

本节以基于物联网的 SMART-WATER 系统多协议网关为例，深入阐述多协议网关在现实系统中所发挥的重大作用，并且对于各项物联网系统的建立也有着极大的帮助，从以下几个层面展开说明。

（1）传感器层。SMART WATER 拥有高端遥测和远程控制服务。遥测是利用智能、M.I.D.（测量仪器指令）认证和电磁、超声波等高精度传感器实现的。这些传感器以密集的时间间隔记录和无线传输用水量。从通信协议的角度来看，传感器通过 wM-Bus（EN 13757-4）或 LoRa（EU-868MHz）传输，具体取决于制造商。利用在双向电信协议（LoRa）上运行的自主和智能关闭水阀，对供水进行远程控制是可行的。所有的水阀都是由一个制造商提供的，因为没有任何其他商业化的水阀能满足先决条件。

（2）设备连接层。该层负责建立终端设备和中央基础设施之间的双向通信。SMART-WATER 的混合网络利用多种电信协议，包括传统的（wM-Bus，GSM）和 L.P.W.A.N.的（LoRa，NBIoT），以确保最佳的连接条件和最小的数据包损失。拟议的混合网络的主要构件是安装在消费者场所的定制网关。

（3）设备和数据管理层。拟议系统的第三层需要一个统一的平台，负责终端设备数据的接收、解码、解密和存储。再分为数据处理和分析层。计量数据的处理、分析和存储在这一层实现。机器学习方法对用水量和需求进行预测分析，检测异常情况和无声的泄露。

（4）用户互动层。SMART-WATER 系统的终端用户是：①公司经营者/管理者；②消费者。开发了两个独立的基于网络的应用程序，为这两个群体服务。为使用公司开发的应用程序允许对所有或选定用户的数据进行全球监测，并对每个地区的每个用户进行项目比较分析。以类似的方式，用户的网络应用提供了每小时/日/周/月的数据监测，并能够通过发送到传感器的执行命令远程控制供应情况。

2.6 密钥离散化技术与在线安全监测技术

目前，国内外在基于单光子的量子保密通信研究上取得了巨大进展。尤其是近年来的诱骗态方案，使得单光子保密通信的安全距离大幅提高，使其逐渐朝实用化方向迈进。作为量子保密通信的可选方案之一，物理学家们提出了利用连续光进行保密通信的方案。这些方案通过对连续光场的两个正交分量进行编码，并采用高效的平衡零拍探测技术，提高了编码效率，并降低了探测成本。

最初的随机密钥预分配模型是由 Eschenauer 和 Gligor 于 2002 年率先提出的，其中的核心内容可以简单概括为如下几个步骤。

第一步，由一个理想中的服务器产生一个数量非常巨大的密钥池 N，紧接着需要为每个普通节点的密钥在事前预先分配好一个固定的 ID（如选取密钥信息的摘要值作为此 Ig），接着从 N 中随机的选取 m 个密钥以构成密钥环，并将其存储于每个节点当中。在这里需要注意的是，m 的大小的选择也是比较讲究的，要确保任意的两个传感节点中构成密钥环的密钥个数 m 之间有相同的数据，即确保任意两个节点中的 m 个密钥中相匹配的密钥数能够达到一定的比例 P，而这个概率 P 也是我们在协议设计前预先设定好的。换句话说，就是要尽可能的确保不同节点的密钥环上拥有至少一对相互匹配的密钥，并能够以此为基础，开通一条安全的信息通信链路。随后，将这些节点部署到所需监控的区域中去。

第二步，在无线传感器网络传感器节点被充分部署到需要的区域去之后，网络节点相互之间的关系将步入密钥的广播和自我发现阶段。节点相互接受到来自本地的广播包以后，在其密钥环中进行搜寻和查找，寻找是否有与该节点共享（或匹配）的密钥对。如果有的话，则通过一次加密的握手操作，从而确认本节点确实和对方拥有着共享密钥对，通信的双方节点通过握手确定通信密钥，从而进一步建立起稳定的安全会话通道。

第三步，对于一部分刚开始并没有与节点内有一致或共享密钥的节点而言，此时则可以步入路径发现阶段。根据无线网络的安全拓扑结构，传感器节点一定能够通过已有的安全链路的比较找到一条到达该邻居节点耗时最小的路径，然后采用同样的方法，与这些相邻的节点进行协商并建立起一对可信任的路径密钥。从此往后，这两个网络节点间的数据传输就不再需要多次的中间转发，而是通过这对密钥路径就可以直接进行数据的通信。也就是说，只要网络中的安全拓扑总是保持在连通且有效的状态下，则网络中任意两个传感节点之间就势必能找到至少一条相对安全的通信链路，然后建立起二者间的路径密钥，以实现密钥的自组织生成与发现。

最后，E-G方案体现了很多的无线传感器网络优势：第一，相对于点对点的预共享模型而言，E-G方案中的节点到节点的存储开销被降到了极低，因其需要存储的总是密钥整体中的仅仅一小部分的密钥。第二，由于在大规模网络中存在着相对比较小的统计和计算量的状况，因此该方案也存在着一些不足。最根本的问题在于其仍属于基于概率下的密钥协商体系，大量冗余的预加载密钥数据在整个无线传感网络的生命期内都极有可能一次也不会用到。这样的结果必将导致网络节点内存储资源的大量浪费，除此之外，其安全连通度也很难满足大部分的应用需求，从而引入离散密钥。

连续变量量子密钥分发（CV-QKD）在过去几年取得了显著的进展。研究人员提出了基于高斯调制相干态结合平衡零拍探测或无开关协议的量子密钥分发方案，并进行了实验演示。朱畅华等提出的基于信道估计的自适应连续变量量子密钥分发方法提高了CV-QKD的稳定性和无条件安全性。研究人员还研究了信道衰减、探测器衰减和额外噪声等非理想因素对CV-QKD安全码率的影响。然而，目前CV-QKD仅适用于短距离密钥传输，这是因为从Alice和Bob共享的连续变量中提取密钥的经典后处理过程比从离散变量中提取密钥更复杂。为了使CV-QKD适用于更长的距离，Leverrier和Grangier小组提出了一种基于离散调制的连续变量量子密钥分发协议：四态协议，并对其安全性进行了证明。然而，他们在证明过程中忽略了纠缠方案（entangle-ment-based scheme）与离散调制协议等价时，Alice和Bob共享纠缠态的协方差矩阵与相应的连续调制协议中协方差矩阵的差异。

离散对数被誉为当代密码学领域的三大基础之一。1976年，Diffifie和Hellman提出了一种密钥协商协议，产生了首个离散对数系统模型；8年后，ElGamal提出了基于离散对数系统的公钥加密和签名方法，并奠定了离散对数密码学基础。从那时起，围绕离散对数系统产生了不少研究成果，本文阐述离散对数的基本概念，然后介绍基于离散对数的ElGamal的公钥加密方法和数字签名方法（Digital Signature Algorithm，DSA）。

离散方法对密钥经行加密方法主要是离散对数系统的参数构成一个集合，称为公共参数域（p, q, g），其中p是一个质数，q是p-1的分解质因数，具有阶数q（群元素的个数称为阶，若p是质数，阶为p-1）。

我们现在获得了一组离散对数公有域（p, q, g）= （11, 5, 3）（p, q, g）= （11, 5, 3）（p, q, g）= （11, 5, 3），还在此基础上创建了一个公私钥对（x, y）= （6,

3) $(x, y) = (6, 3)$ $(x, y) = (6, 3)$。离散对数加密的基础就建立起来了。

$$C_1 = my^k \bmod p$$

量子密钥分发（Quantum Key Distribution，QKD）是基于量子物理原理为两个合法通信方之间提供安全的通信技术。第一个量子密码通信协议由 C. H. Bennett 及 G. Brassard 于 1984 年提出，即 BB84 协议，它是以单光子作为信息的载体。随着最近几十年的蓬勃发展，连续变量量子密钥分发（Continuous-Variable Quantum Key Distribution，CV-QKD）协议逐渐成为主流。这是因为相比离散变量量子密钥分发（Discrete-Variable Quantum Key Distribution，DV-QKD）协议来说，CV-QKD 协议可以完美结合当前经典通信设备进行工作，而在传输距离上也大大优于 DV-QKD 协议。而根据 Alice 发送的相干态的调制方法，CV-QKD 协议又可以分为两种类型，一种是高斯调制协议，另一种是离散调制协议。而目前，离散调制 CV-QKD 协议受到越来越多的关注，对于离散调制 CV-QKD 协议而言，最近有报道称，如果可以将量子信道验证为线性的，则可以实现更长的安全传输距离。

通过调制方式的不同，主要将离散调制 CV-QKD 协议分为圆形调制和方形调制。本小节主要讨论了四态圆形 CV-QKD、协议（R4）、八态圆形离散协议（R8）和十二态协议（R12）；四态方形离散调制 CV-QKD 协议（S4）、八态方形离散调制 CV-QKD 协议（S8）和 N 态方形离散调制 CV-QKD 协议（SN）。在相位空间上示意性地描述了 R4 的编码。

在巧妙地结合了组合设计理论中的区组设计技术的基础上，一种基于组合设计的成对密钥预分配方案刚被 Camtepe 和 Yener 率先提出。研究表明，相对于其他方案，基于组合设计的密钥预分配方案在提高密钥拓扑的连通率方面有着更大的优势。如果从安全性等方面考虑，在基于组合设计的密钥预分配方案中，当网络中的其中某一个节点一旦被攻陷，导致泄密时相关连接失效的概率可以表示为：$1/(n+1)$，美中不足的是在该方案中的参数 n 必须为一个素数陌。因此，平行四边形设计法的引入能够使得我们的解决方案更具弹性。这个方案体系中通过对组合设计技术的巧妙运用，大大提高了密钥拓扑的连通概率，使得整个链路的抗毁性和可扩展性得到了一定的提升。

首先，我们详细阐述了在无线传感器网络中评估密钥管理方案优劣的准则，包括节点密钥在网络中的连通性能、节点自身功能的可扩展性、节点的计算和存储消耗以及节点的抗攻陷能力等重要性能指标。然后，我们有针对性地比较了几种具有代表性的分布式和层次式无线传感器网络密钥管理方案。在分布式无线传感器网络中，传感器节点之间的共享密钥是通过节点之间的协商产生的，算法具有相对较高的复杂度，因此基站并不直接参与传感器节点之间的密钥建立过程。当前的无线传感网络通常通过预分配密钥的方案来建立节点之间的共享密钥，这种密钥管理体系的最大优势在于通信能耗极低和计算开销微小，同时具备一定的安全防护性能。最重要的是，在这种密钥管理体系下，撤销和更新网络节点操作相对容易实现，当节点泄密或被攻陷后，可以快速将其从可信网络中删除，并及时更新网络中的可信节点信息，从而将对整个网络的安全性影响降到最低程度。然而，这种方案的不足之处在于所需的存储消耗较大，对于资源极其有限的无线传感器网络来说，这是一个严重的负担问题。此外，随机密钥预分配方案无法确保密钥的全连通特性。因此，我们提出采用离散密钥的方式来解决这些问题。

2.7 本章小结

通过对物联网的应用成果展开研究，发现随着物联网的发展，物联网已与不同行业相互融合，得到了技术上的革新，本章首先介绍了物联网在不同类型能源领域的应用，通过调查发现，物联网不仅能够与新能源、清洁能源等新生能源良好融合，创造更为便捷、更为优质的能源服务，物联网也能够和传统能源行业相结合，迸发出新的火花，也使传统能源行业调配更加合理，为节约资源、构建能源智慧平台提供了更加完善的物联网平台案例。

其次，搭建基于物联网的能源感知平台首先要对能源设备具有一定的感知能力，通过光感传感器、力学传感器、电子传感器以及热感传感器完成数据采集工作，通过传感器所采集到的数据变化，推断和预测能源设备运行状况，完成对能源设备的感知，现阶段对于能源设备的感知发展已经较为完善，能够采集多种多样的数据提供给工业智慧能源管理服务平台，因此对所采集到的数据进行处理就成为技术的关键。单一的数据采集后将数据集中到一起统一处理在当今并不适用，由于产业发展速度迅猛，因此所产生的数据量惊人，所以结合以上几点，本项目提出压缩式数据采集和传输技术，在保持数据不失真的同时大大减轻了数据的传输量，为大型能源发展平台的构建打下坚实基础，也为后期能源多样化发展做好铺垫，此类数据传输就能够搭载多类型能源服务平台，在总平台下同步运行，保障发展的可持续性，并且满足现阶段工业智慧能源管理服务平台的需求。

再次，在解决数据采集和传输的问题之后，保障数据的安全、隐私和不泄露成为着重需要关注的问题，因此本项目提出多协议网关技术和密钥离散化技术。这两项技术最大的优势在于密钥管理体系凭借极低的通信能耗和微小的计算开销，且具备一定的安全防护性能，从而解决数据安全的问题。

综上，本章主要开展物联网数据同步采集与处理技术的研究，提高数据采集的同步性以及准确性。然后，研究兼容多种通信协议与多种通信接口的智能网关技术，实现工业现场多种通信协议标准下的实时数据采集、整理与分发功能。研究密钥离散化生成算法，通过实验分析密钥生成方案的认证性能和安全性能。

第3章
基于鲲鹏架构服务器的云计算管理平台技术研究

本章主要介绍基于鲲鹏架构服务器的云计算平台管理技术,包括鲲鹏架构及相关技术介绍,云计算与云平台技术的介绍,云管理平台适配技术的介绍等。本章把要用到的芯片及云计算的知识扼要地加以论述以便使一些不熟悉芯片及云计算的读者掌握后面的内容。

3.1 鲲鹏架构及相关技术介绍

鲲鹏处理器是华为公司在2019年发布的高性能数据中心处理器,本节我们将从鲲鹏架构服务器开始介绍,讲述鲲鹏架构的优点、缺点,列举鲲鹏系列的实例,以及弹性云服务器,详细介绍它们的应用场景。最后简要介绍基于鲲鹏920处理器片上系统的TaiShan服务器。

3.1.1 鲲鹏架构服务器概述

鲲鹏(Kunpeng)920系列是华为海思设计的一款高性能处理器芯片,同时兼容ARMv8A的架构,也是华为鲲鹏芯片家族的核心产品,是"算、存、传、管、智"五个产品系列的基础。

华为在2019年1月向业界推出鲲鹏处理器。高性能、高带宽、高集成度、高效能是鲲鹏芯片的突出优点，能够应对多样性计算和绿色计算的需求。

在硬件方面，不同于复杂指令集CISC的X86系列CPU，华为公司2019年推出的鲲鹏（Kunpeng）920处理器采用精简指令集RISC的ARM架构，并基于鲲鹏处理器构建全自研的泰山（Taishan）服务器。在软件方面，华为推出Linux兼容的欧拉（ope-nEuler）操作系统，并将云服务全面鲲鹏化，支持事务处理、大数据分析、科学计算、数据库、分布式存储及移动终端ARM应用等多种场景。

在鲲鹏芯片的基础上，鲲鹏云服务也应运而生，它搭载鲲鹏芯片，包含了裸机、虚拟机、容器等不同的形态，其突出特点是多核心，高并发，如今热门的领域，如人工智能、云游戏、大数据、云手机、HPC等场景都很适合应用在鲲鹏云服务器上面。

鲲鹏处理器采用的是ARM架构，由于ARM架构的优势，其也被广泛用于移动终端。随着科学技术的不断突破，人工智能、大数据、5G等技术也都成为当下热门，我们对多元化的生态结构的需求越来越迫切。ARM使用精简指令集（Reduced Instruction Set Computer，RISC），平台开放，为更多的合作伙伴提供授权。相比之下，X86架构生态封闭，也不对外开放。使用的也是复杂指令集（Complex Instruction Set Computing，CISC）。

3.1.2　华为鲲鹏处理器架构（ARM）特点

鲲鹏处理器的优点不仅在于使用ARM架构，而且芯片占面积更小，性能更高，硬件集成度也更高，功耗与其他处理器相比更低，并且在单位面积上，ARM芯片拥有更多的CPU核心，具备天生的多核特点，并发能力更强，并发性能也会更好。

鲲鹏处理器支持64位指令集，兼容能力强，从IoT、终端到云端的各类应用场景都能正常使用。更多地应用寄存器，大部分对数据的处理操作都在寄存器中解决，由于寄存器的特性，决定了执行速度处理速度都比在内存中更快。在逻辑运算CPU的逻辑运算器中取数据的时候，从寄存器中取数据与从内存中取数据的速度是差别极大的。在ARM架构中会更多更频繁地用到寄存器，标签寄存器数量也会更多，使用寄存器的数目与使用寄存器的频率决定了数据存取速度与数据处理速度，毫无疑问，在这方面ARM架构更加优秀。其使用的是RISC指令集，指令长度是固定的，寻址方式更灵活简单，执行效率也更高。

当然鲲鹏处理器也存在缺点，最主要的还是目前在其数据中心这个领域还没有站稳脚跟，其生态还不完整，目前仍处于快速发展的阶段。

3.1.3　鲲鹏系列实例

鲲鹏系列实例包括鲲鹏通用计算增强型KC1、鲲鹏内存优化型KM1、鲲鹏超高I/

O型KI1、鲲鹏AI推理加速型KAi1s。它们是基于鲲鹏系列芯片提供的系列实例,在不同场景选择恰当的实例,可以获得更高性价比。下面是对实例的具体描述。

1. 鲲鹏通用计算增强型KC1

鲲鹏通用计算增强型KC1弹性云服务器搭载有鲲鹏920处理器以及25 GE智能高速网卡,算力和网络性能优势都极其突出,主要面向的客户群体是政府、互联网的各类企业,性价比更高,安全更可靠。

2. 鲲鹏内存优化型KM1

鲲鹏内存优化型KM1弹性云服务器搭载鲲鹏920处理器及25 GE智能高速网卡,最大能提供480 GB基于DDR4的内存实例以及高性能的网络,主要面对的是大型内存数据集与高网络场景。

3. 鲲鹏超高I/O型KI1

鲲鹏超高I/O型KI1弹性云服务器使用高性能NVMe SSD本地磁盘,对减少读写时延的能力具有明显的提升,同时能够提供高存储IOPS。主要面向高性能关系型数据库,比如NoSQL数据库等场景。

4. 鲲鹏AI推理加速型KAi1s

鲲鹏AI推理加速型KAi1s弹性云服务器搭载昇腾310(Ascend 310)芯片为加速核心,功耗低,算力高,能效比大幅提升,对人工智能方向帮助显著。

3.1.4 弹性云服务器的架构与优势

华为目前发布的鲲鹏云服务主要有以下3个。

(1)鲲鹏弹性云服务器(ECS)。是用户目前能直接应用到的鲲鹏服务之一。用户可以直接购买鲲鹏云服务器,自己在云服务器上搭建环境,安装不同的系统,可以部署上自己开发的网站,也可在服务器上搭建开发环境或者作为生产业务集群的一部分。

(2)鲲鹏裸金属服务器(BMS)。用户可以直接从华为云上购买到裸金属服务器,并可以为这台服务器添加磁盘、网络等资源。

(3)鲲鹏云手机服务(CloudPhone)。用户也可以直接从华为云上购买一台装有Android操作系统的云主机。该主机使用的是ARMv8指令集,无须使用模拟器,性能更高,能够实现测试手机应用、自动运行应用等功能。

1. 弹性云服务器架构

用户可以直接购买鲲鹏云服务器,自己在云服务器上搭建环境,安装不同的系统,可以部署上自己开发的网站,也可在服务器上搭建开发环境或者作为生产业务集群的一部分。图3-1为弹性云服务器架构,相关架构描述如下。

（1）弹性云服务器在不同可用区中部署完成后，如果有部分可用区损坏也不会对同一区域中的其他可用区造成影响。

（2）可以通过虚拟化技术，将私有云虚拟化，以此建立专属的网络，只需要配置好子网、安全组，通过弹性公网IP与外网连接，就能够实现外网的访问，当然，这种方法需要宽带支持。

（3）可以为弹性云服务器安装镜像，如果需要快速业务部署，也可用私有镜像批量创建弹性云服务器。

（4）云硬盘存储数据，利用云硬盘实现数据备份、存储、灾备等任务。

（5）用户可以通过云监控查看弹性云服务器的状态，管理云上资源，保证云服务器的可靠性、可用性和性能。

（6）云备份（Cloud Backup and Recovery，CBR），能够对云硬盘和弹性云服务器进行保护。云备份基于快照技术，并支持服务器数据和磁盘数据修复功能。

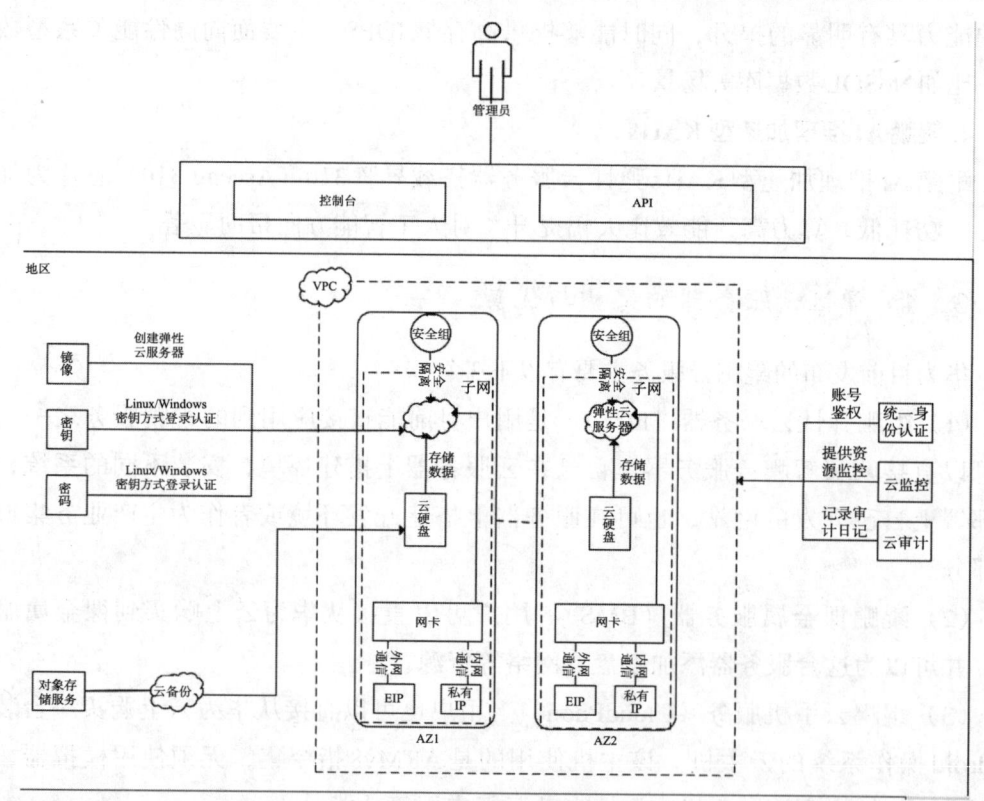

图3-1　弹性云服务器架构

2. 弹性云服务器的优势

弹性云服务器可以根据不同的需求完成资源的自动调度，弹性选择分配策略。同时用户也可以根据自己的需求自定义对服务器的配置方案，手动选择内存、CPU、带宽，打造属于自己的云服务器环境。具体优势描述如下。

（1）弹性云服务拥有多种磁盘，包含普通IO、高IO、通用型SSD、超高IO、急速型SSD硬盘。硬盘的选择也是灵活多变的，不同的硬盘面向业务场景也不同，所以在不同的情况应该先选择合适的硬盘，以此来稳定可靠地提供服务。

（2）弹性云服务提供的虚拟块存储服务是基于分布式架构的，可扩展性高，数据可靠性也高，能够保证数据迁移恢复的速度，避免了由于硬件故障而造成数据丢失的问题，保证了数据的安全。

（3）支持云服务器和云硬盘的备份及恢复，可以自动备份，也可手动操作制定时间与数据进行备份。

（4）弹性云服务器能够提供多种安全方面的服务，Web应用防火墙、漏洞扫描、端口检测、指纹识别等方面的防护服务。

（5）对用户提供云环境安全评估服务，告知用户当前面对的风险，建立安全日志，并且提供安全配置检查服务，为用户提供安全实践建议，减少或避免损失。

（6）软硬结合，虽然一般的服务器都是搭载在专业的硬件设备上的，但是由于用户购买的是云服务器，是搭载在云端的，所以用户不需要考虑硬件的问题，无须机房等实体资源。

（7）随时获取虚拟化资源，服务器可以从虚拟资源池中获取并独享资源，用户可以像使用本地PC一样在云上使用弹性云服务器，方便性大大提高。

（8）用户可以灵活配置云服务器，规格、按照自己的需求灵活调整带宽等资源，高效匹配业务要求。

3.1.5 对弹性云服务器的场景选择

1. 网站应用

对CPU、内存、硬盘空间和带宽无特殊要求，但对安全性、可靠性的要求高，而且只需要少量服务器部署应用，面向的是低成本、易维护的场景。比如网站开发测试环境、小型数据库应用等。这些场景下一般推荐使用通用型弹性云服务器，提供均衡的计算、内存和网络资源，能够满足企业或个人普通业务搬迁到云上的需求。

2. 企业电商

对内存需求大、数据量多以及数据访问量大、要求快速数据交换和处理的场景，推荐使用内存优化型弹性云服务器，例如广告精准营销、电商、移动APP等。内存优化型弹性云服务器提供高内存实例，同时可以配置超高IO的云硬盘和合适的带宽。

3. 图形渲染

对图像视频质量要求高、内存需求大、数据处理规模大、I/O并发能力要求高，或者数据处理交换速度要求高以及GPU计算能力需求大的场景，例如图形渲染、工程制图等，推荐使用GPU图形加速型弹性云服务器，G1型弹性云服务器能够提供较为经济的图形加速能力。同时支持DirectX、OpenGL，可以提供最大显存1GiB，分辨率为4 096×2 160的图形图像处理能力。

4. 数据分析

面对处理数据量大、对I/O能力要求高、数据交换处理能力需求大的场景，如MapReduce、Hadoop计算密集型等，推荐使用磁盘增强型弹性云服务器。它主要应对极大数据集处理的情况。磁盘增强型弹性云服务器的数据存储是基于HDD的存储实例，默认配置最高10 GE网络能力，PPS性能高、网络低延迟。最大可支持24个本地磁盘、48个CPU和384 GB内存。

5. 高性能计算

面对计算能力要求高、吞吐量大的场景，例如科学计算、基因工程、游戏动画、生物制药计算和存储系统等，推荐使用高性能计算型弹性云服务器。其适合要求提供海量并行计算资源、高性能的基础设施服务。

3.1.6 鲲鹏处理器的组织

Kunpeng 920芯片CPU中集成了3个最小物理单元（DIE），两个作为计算单元，一个承担IO任务，每个计算单元的DIE中又集成了8个Cluser，每一个Cluser又集成了4个Core，而Core才是芯片中的真正计算单元，如图3-2所示。因此，一块Kunpeng 920芯片中就包含64个Core，DIE在芯片内部都是通过高速内部总线进行连接的。

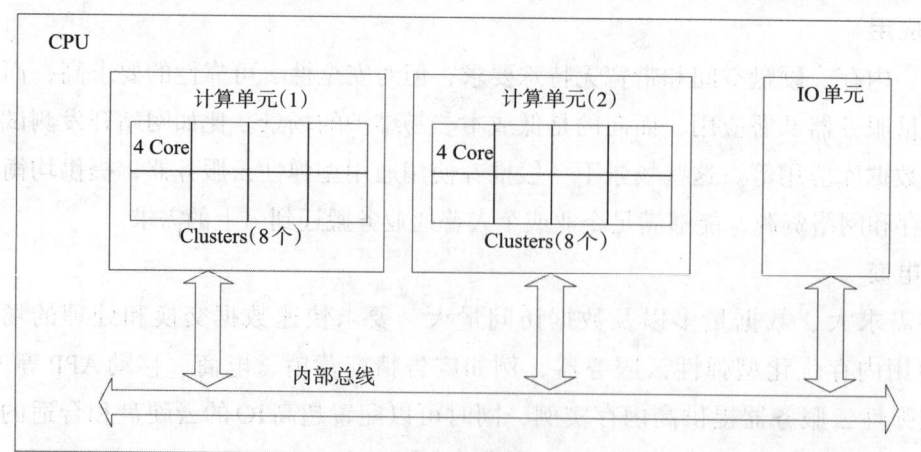

图3-2 鲲鹏处理器内部架构

1. Chip：芯片（Chip）是指有大规模集成电路的硅片，我们常见的CPU也属于芯片的一种，一般几块硅片通过加工、封装，就能组成一块芯片。

2. DIE：芯片的最小物理单元。一块Kunpeng 920芯片上集成了3个DIE，其中两个作为计算单元，另一个用以承担IO任务。

3. Core：真正的计算单元，具体表现为我们在操作系统侧看到的"核"。

4. Cluster：多个"Core"的集成。Kunpeng 920芯片上一个Cluster包含4个"核"，而一个最小物理单元（DIE）上能够集成8个Cluster。

5. SoC：芯片系统（System on Chip），例如，Kunpeng 920芯片不止搭载CPU，还集成了RoCE网卡、SAS控制器和南桥。可以理解为一块芯片上集成的一个系统。

3.1.7 基于鲲鹏920处理器片上系统的Taishan（泰山）服务器

Taishan服务器采用64位 ARMv8 Hi1616处理器，每个处理器有32个2.4 GHz的核心。它们支持PCIe 3.0、10 GE、SAS/SATA等多种接口，集成高性能、低功耗特点。Taishan服务器为计算、存储或平衡需求量身定制了模型，对工作负载要求高的任务是完美选择，如大数据分析、数据库加速、高性能计算、云服务和本地移动等。

目前，TaiShan服务器家族有两个产品系列：Taishan 100系列服务器是基于Kunpeng 916处理器的产品；Taishan 200系列服务器是基于最新的Kunpeng 920处理器片上系统，包含2280E边缘型、1280高密型、2280均衡型、2480高性能型、5280存储型和X6000节点高密型等多个产品型号。

3.2 云计算及其技术架构的概述

近年来，随着我国科技水平的不断提升和市场经济的不断发展，我国对相关数据的管理水平也有着明显的提升。

通过将庞大的要进行计算的数据分成多个小的计算的方法称为云计算。它也属于分布式计算中的一种，然后把一个计算任务拆成多个部分，让多台服务器分布式计算，最后将结果返回给用户。本小节从云计算概念、体系结构、技术架构、服务模式、应用等多方面进行介绍，让读者对云计算方面有个基础的了解。

3.2.1 云计算简介

云计算通常包括服务器、数据库、软件、网络分析和其他可以通过云运行的计算功能，即是指通过互联网提供的任何类型的托管服务。

云架构是架构说明平台和软件组件、中间件、云资源和服务以及通信协议的云计算平台架构。它应该表示云操作和管理、云安全以及组件之间以及与外部实体的交互。

开发高效的云架构不是一项简单的任务。一个关键的挑战是确保架构为云服务提供有效的基础。否则，在由下一代服务产品主导的云计算环境中，高效的架构可能很快就会过时。在这里，我们基于现有的架构模型来进行描述。

3.2.2 云计算的体系结构

云计算的体系结构由五部分组成，分别为资源层、平台层、应用层、用户访问层和管理层。云计算的本质是通过网络提供服务，所以其体系结构以服务为核心。

1. 资源层

资源层是指服务层面所提供的服务。这些服务可以提供虚拟化的资源，从而隐藏物理资源的复杂性。

2. 平台层

平台层为用户提供对资源层服务的封装，使用户可以构建自己的应用。数据库服务提供可扩展的数据库处理的能力。中间件服务为用户提供可扩展的消息中间件或事务处理中间件等服务。

3. 应用层

应用层提供软件服务，例如，企业应用是指面向企业的用户，如财务管理、客户关系管理、商业智能等。个人应用指面向个人用户的服务，如电子邮件，文本处理，个人信息存储等。

4. 用户访问层

用户访问层是方便用户使用云计算服务所需的各种支撑服务，针对每个层次的云计算服务都需要提供相应的访问接口。服务目录是一个服务列表，用户可以从中选择需要使用的云计算服务。订阅管理是提供给用户的管理功能，用户可以查阅自己订阅的服务，或者终止订阅的服务。服务访问是针对每种层次的云计算服务提供的访问接口，针对资源层的访问可能是远程桌面或者 X Window，针对应用层的访问，提供的接口可能是 Web。

例如，文件和程序存储在云中可以由服务上的用户在任何地方访问，无须始终靠近物理硬件。在过去，用户创建的文档和电子表格必须保存到物理硬盘驱动器、USB 驱动器或磁盘中。如果没有某种硬件组件，文件在它们起源的计算机之外完全无法访问。多亏了云，很少有人再担心硬盘驱动器损坏或 USB 驱动器丢失或损坏。云计算使文档随处可用，因为数据实际上存在于通过互联网传输数据的托管服务器网络上。

5. 管理层

管理层是提供对所有层次云计算服务的管理功能：安全管理提供对服务的授权控制、用户认证、审计、一致性检查等功能。服务组合提供对自己有云计算服务进行组合的功能，使得新的服务可以基于已有服务创建时间。服务目录管理服务提供服务目录和服务本身的管理功能，管理员可以增加新的服务，或者从服务目录中除去服务。服务使用计量对用户的使用情况进行统计，并以此为依据对用户进行计费。服务质量管理提供对服务的性能，可靠性、可扩展性进行管理。部署管理提供对服务实例的自动化部署和配置，当用户通过订阅管理增加新的服务订阅后，部署管理模块自动为用户准备服务实例。服务监控提供对服务的健康状态的记录。

云计算平台的体系结构由用户界面、服务目录、管理系统、部署工具、监控和服务器集群组成，如图3-3所示。

（1）用户界面。主要用于云用户传递信息，是双方互动的界面。

（2）服务目录。顾名思义，是提供用户选择的列表。

（3）管理系统。指的是主要对应用价值较高的资源进行管理。

（4）部署工具。能够根据用户请求对资源进行有效的部署与匹配。

（5）监控。主要对云系统上的资源进行管理与控制并制定措施。

（6）服务器集群。服务器集群包括虚拟服务器与物理服务器，隶属管理系统。

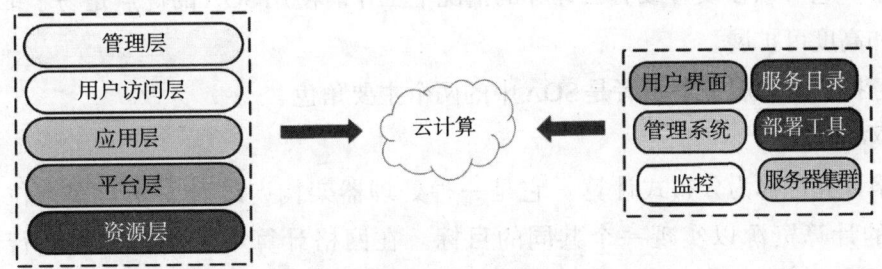

图3-3　云计算平台的体系结构图

3.2.3　云计算平台的组成架构

云计算平台连接了大量并发的网络计算和服务，利用虚拟化技术形成虚拟化资源池，将硬件资源进行虚拟化管理和调度，把存储于各种设备的资源集中起来协同工作，提供超强的计算和储存能力。云计算平台具有多种组成架构，下面介绍一下常用的云计算平台。

（1）云客户端：云客户端提供用户向云平台请求服务的交互界面，是用户使用云平台的入口。

（2）服务目录：服务目录可以在用户端界面为用户展示所选择或定制的服务。

（3）管理系统与部署工具：提供云平台的管理和服务功能。

（4）资源监控：监控和计量云计算服务系统的资源使用情况，进行资源的优化配置。

（5）服务器集群：服务器集群由虚拟或物理服务器构成，负责相关用户服务。

3.2.4 云计算技术

云计算包括虚拟化、面向服务的架构（SOA）、网格计算及效用计算共四种技术。

1. 虚拟化

虚拟化是为了在相同服务器上使多个应用程序和操作系统运行而创建的虚拟环境。虚拟环境可以是任何东西，例如单个实例或许多操作系统、存储设备、网络应用服务器和其他环境的组合。

云计算中的虚拟化概念增加了虚拟机的使用。虚拟机是一种软件计算机或软件程序。它不仅可以作为物理计算机工作，而且可以作为物理机，根据用户的需求执行诸如运行应用程序等任务。

2. 面向服务的架构

面向服务的架构（SOA）允许组织根据业务需求的变化，按需访问基于云的计算解决方案。它可以在没有或有云计算的情况下工作。使用 SOA 的优点是易于维护、平台独立和高度可扩展。

服务提供者和服务消费者是 SOA 中的两个主要角色。

3. 网格计算

网格计算也称为分布式计算。它是一种处理器架构，结合了来自多个位置的各种不同的计算资源以实现一个共同的目标。在网格计算中，网格通过并行节点连接起来，形成一个计算机集群。这些计算机集群大小不同，可以在任何操作系统上运行。

4. 效用计算

效用计算是最流行的 IT 服务模式。它基于按使用付费的方法提供按需计算资源（通过 API 的计算、存储和编程服务）和基础设施。它最大限度地降低了相关成本，并有效加强了资源的利用。效用计算的优势在于它降低了 IT 成本，提供了更大的灵活性并且更易于管理。

3.2.5 云平台服务模式

云平台包含三种服务模式，分别为基础架构即服务、平台即服务和软件即服务。

基础架构即服务（Infrastructure-as-a-Service，IaaS）：IaaS为用户提供基本的计算机基础设施功能，如数据存储、服务器和硬件——所有这些都在云中。IaaS使企业无须大型现场物理基础设施即可访问大型平台和应用程序。IaaS的著名示例包括DigitalOcean、Amazon EC2和Google Compute Engine。

平台即服务（Platform-as-a-Service，PaaS）：PaaS是支持Web应用程序开发和部署的云环境。PaaS支持应用程序的整个生命周期，帮助用户在一个地方构建、测试、部署、管理和更新。该服务还包括开发工具、中间件和商业智能解决方案。著名的例子包括Windows Azure、AWS Elastic Beanstalk和Google App Engine。

软件即服务（Software-as-a-Service，SaaS）：SaaS是最常见的云服务类型，SaaS模型使软件可以通过应用程序或Web浏览器访问。一些SaaS程序是免费的，但许多程序需要按月或按年订阅才能维护服务。SaaS解决方案无须硬件安装或管理，在商业领域大受欢迎。例子包括Salesforce、Dropbox或Google Docs。

3.2.6 云计算部署模型

云部署模型根据所有权、规模和访问权限以及云的性质和目的来识别特定类型的云环境。您正在使用的服务器的位置以及控制它们的人员由云部署模型定义。它指定了用户云基础架构的外观、可以更改的内容以及是否将获得服务或必须自己创建所有内容。基础架构和用户之间的关系也由云部署类型定义。

1. 公共云

公共云使任何人都可以访问系统和服务。公共云可能不太安全，因为它对所有人开放。公共云是一种通过互联网向普通民众或主要行业群体提供云基础设施服务的云。此云模型中的基础设施由提供云服务的实体拥有，而不是由消费者拥有。它是一种允许客户和用户轻松访问系统和服务的云托管。这种形式的云计算是云托管的一个很好的例子，其中服务提供商向各种客户提供服务。在这种安排中，存储备份和检索服务是免费提供的，可以订阅，也可以按每次使用提供。示例：Google App Engine等。

2. 私有云

私有云部署模型与公共云部署模型完全相反。这是针对单个用户（客户）的一对一环境。无须与其他任何人共享你的硬件。私有云和公共云之间的区别在于用户如何处理所有硬件。它也被称为"内部云"，它指的是在给定边界或组织内访问系统和服务的能力。云平台在基于云的安全环境中实施，该环境由强大的防火墙保护并在组织的IT部门的监督下。私有云为控制云资源提供了更大的灵活性。

3. 混合云

通过使用一层专有软件连接公共世界和私人世界，混合云计算提供了两全其美的优势。使用混合解决方案，您可以在安全的环境中托管应用程序，同时利用公共云的成本节约优势。组织可以根据需要使用两种或多种云部署方法的组合在不同的云之间移动数据和应用程序。

4. 社区云

它允许一组组织访问系统和服务。它是一个分布式系统，通过集成不同云的服务来满足社区、行业或企业的特定需求而创建。社区的基础设施可以在具有共同关注点或任务的组织之间共享。它一般由第三方或社区中的一个或多个组织联合管理。

5. 多云

顾名思义，我们正在谈论在这种范式下同时雇用多个云提供商。它类似于混合云部署方法，它结合了公共和私有云资源。多云不是合并私有云和公共云，而是使用许多公共云。尽管公共云提供商提供了许多工具来提高其服务的可靠性，但仍然会发生事故。两个不同的云同时发生事件是非常罕见的。因此，多云部署进一步提高了服务的高可用性。

3.2.7 云计算实现关键技术

1. 体系结构

实现计算机云计算需要创造一定的环境与条件，尤其是体系结构必须具备以下关键特征：第一，要求系统必须智能化，具有自治能力，减少人工作业的前提下实现自动化处理平台智地响应要求，因此云系统应内嵌有自动化技术；第二，面对变化信号或需求信号云系统要有敏捷的反应能力，所以对云计算的架构有一定的敏捷要求。与此同时，随着服务级别和增长速度的快速变化，云计算同样面临巨大挑战，而内嵌集群化技术与虚拟化技术能够应付此类变化。

2. 资源监控

云系统上的资源数据十分庞大，同时资源信息更新速度快，想要精准、可靠的动态信息需要有效途径确保信息的快捷性。而云系统能够为动态信息进行有效部署，同时兼备资源监控功能，有利于对资源的负载、使用情况进行管理。其次，资源监控作为资源管理的"血液"，对整体系统性能起关键作用，一旦系统资源监管不到位，信息缺乏可靠性，那么其他子系统引用了错误的信息，必然对系统资源的分配造成不利影响。因此贯彻落实资源监控工作刻不容缓。资源监控过程中，只要在各个云服务器上部署 Agent 代理程序便可进行配置与监管活动，比如通过一个监视服务器连接各个云资源服务器，然后以周期为单位将资源的使用情况发送至数据库，由监视服务器综合数据库有效信息对所有资源进行分析，评估资源的可用性，最大限度提高资源信息的有效性。

3. 自动化部署

科学进步的发展倾向于半自动化操作，实现了出厂即用或简易安装使用。基本上计算资源的可用状态也发生转变，逐渐向自动化部署。对云资源进行自动化部署指的是基于脚本调节的基础上实现不同厂商对设备工具的自动配置，用以减少人机交互比例、提高应变效率，避免超负荷人工操作等现象的发生，最终推进智能部署进程。自动化部署主要指的是通过自动安装与部署来实现计算资源由原始状态变成可用状态。其在计算中表现为能够划分、部署与安装虚拟资源池中的资源为能够给用户提供各类应用于服务的过程，包括了存储、网络、软件以及硬件等。系统资源的部署步骤较多，自动化部署主要是利用脚本调用自动配置、部署与配置各个厂商设备管理工具，保证在实际调用环节采取静默的方式来实现，避免了繁杂的人际交互，让部署过程不再依赖人工操作。除此之外，数据模型与工作流引擎是自动化部署管理工具的重要部分，不容小觑。一般情况下，对于数据模型的管理就是将具体的软硬件定义在数据模型当中即可；而工作流引擎指的是触发、调用工作流，以提高智能化部署为目的，善于将不同的脚本流程在较为集中与重复使用率高的工作流数据库中应用，有利于减轻服务器工作量。

3.2.8 云计算应用

云计算在商业、数据存储、娱乐、管理、社交网络、教育、艺术、GPS等各个领域提供了多种应用。

1. 在线数据存储

云计算允许存储和访问云存储上的文件、图像、音频和视频等数据。在这个大数据时代，在本地存储大量业务数据需要越来越多的空间和不断增加的成本。这就是云存储发挥作用的地方，企业可以使用多种设备存储和访问数据。所提供的接口易于使用、方便，并具有高速、可扩展性和集成安全性等优点。

2. 备份和恢复

云服务提供商为云上的数据和资源提供安全的存储和备份设施。在传统的计算系统中，数据备份是一个复杂的问题，而且在发生灾难的情况下，数据往往会永久丢失。但是通过云计算，可以在发生灾难时轻松恢复数据，并且将损坏降至最低。

3. 大数据分析

云计算最重要的应用之一是它在广泛的数据分析中的作用。海量的大数据使得使用传统的数据管理系统无法存储。由于云的无限存储容量，企业现在可以存储和分析大数据以获得有价值的业务洞察力。

4. 测试与开发

云计算应用程序为产品的测试和开发提供了最简单的方法。在传统方法中，由于设置 IT 资源和基础设施以及需要人力，这样的环境将是耗时、昂贵的，然而，通过云计算，企业可以获得可扩展且灵活的云服务，它们可以用于产品开发、测试和部署。

5. 防病毒应用程序

云计算带来了云防病毒软件。该软件存储在云中，可以从那里监控组织系统中的病毒和恶意软件并修复它们。早些时候，组织必须在其系统中安装防病毒软件并检测安全威胁。

6. 电子商务应用

云中的电子商务应用程序使用户和电子商务能够快速响应新出现的机会。它为企业领导者提供了一种新方法，可以用最少的时间完成工作。企业使用云环境来管理客户数据和产品数据。

7. 教育中的云计算

电子学习、在线远程学习计划和学生信息门户是云计算在教育领域的应用。教育中的云计算应用为学生、教师和研究人员提供了一个有吸引力的学习、教学和实验环境，他们可以连接到自己所在机构的云，并访问数据和信息。

3.3 云控制中心 Web 端需求

本章主要列举在线监测、巡视管理、故障抢修、负荷管理这四个功能模块，如图 3-4 所示。

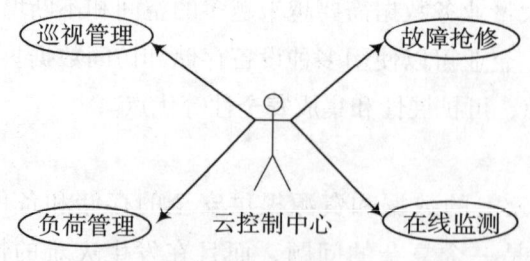

图 3-4 云控制中心 Web 端需求功能模块

3.3.1 在线监测

监测数以百万计的网络组件（集线器、网桥、交换机等）会导致不可持续的管理员成本，需要对典型的系统管理任务使用自动化方法。这些自动化方法需要处理比当前系统高几个数量级的增加的监测数据。Gupta 和 Singh（2009）建议将网络接口、链路、交换机和路由器在空闲时设置为睡眠模式，以节省互联网骨干网络和消费者消耗的能源。Chiaraviglio 和 Matta（2010）提出了 ISP（互联网服务提供商）和内容提供商之间的合作，以实现计算资源和网络路径的高效同时分配，从而最小化能源消耗。基于云基础设施的移动日志管理模型应该是对典型移动设备感知数据的聚合。将收集到的数据传输到云框架中，使用基于 Hadoop 的大数据系统进行分析。它可以为移动设备的网络可用性提供方便。此外，我们可以很容易地从活动中获取感知数据。在任何时刻，根据监测及时分配资源，有效应对工作负载的波动，同时为最终用户提供 QoS 保障。计算和网络资源是有限的，必须以虚拟的方式在用户之间有效地共享。为了进行有效的资源管理，我们需要考虑资源映射、资源配置、资源分配和资源适应等问题。其中，主要问题在于如何确定当前资源配置是否满足每个应用程序的需求且是最优分配。为了提供弹性分配资源、收集数据和分析数据，对任何类型的资源和服务消耗进行计量都是必不可少的，这是云的弹性的先决条件。传统的监测和管理系统通常是集中式的，而新的监测和管理系统需要分布式的和具有可伸缩性属性的方法，允许用户轻松地扩大和缩小监测和管理系统，以灵活地满足云需求。

3.3.2 巡视管理

逻辑资源是对物理资源具有临时控制的系统抽象。它们可以支持应用程序的开发和有效的通信协议。逻辑资源在云计算中的意义如下。

（1）操作系统：它为用户提供管理物理（硬件）资源的"逻辑"良好环境，并提供控制对象/资源的机制和策略。操作系统可以进行文件管理、设备管理、性能管理、安全和容错管理，从而有效地利用可用资源。

（2）能源：减少能源消耗的主要技术是将工作量集中到最少的物理节点，并关闭空闲节点。这种方法需要处理功耗/性能权衡，因为工作负载整合可能会降低应用程序的性能。在所有处理潜在敏感数据和代码的系统中，安全性、私密性和遵从性显然是必不可少的。为了保证云计算足够的安全性，需要考虑各种安全问题，如身份验证、数据机密性、完整性和不可否认性。将数据保存到第三方维护的离站存储系统中。我们将信息保存到远程数据库中，而不是存储到计算机硬盘或其他本地存储设备中。因特网提供计算机和数据库之间的链接。云存储系统通常依赖于数百个数据服务器。因为计算机偶尔需要维护或维修，所以在多台机器上存储相同的信息是很重要的。这就是所谓的冗余。如果没有冗余，云存储系统就无法确保客户能够在任何给定的时间访问自己的信息。大多数系统在使用不同电源的服务器上存储相同的数据。这样，即使一个电源故障，客户也可以访问他们的数据。云存储的两个最大问题是可靠性和安全性。客户不太可能将自己的数据委托给另一家公司，除非能保证他们随时都能访问自己的信息，而其他人无法获得这些信息。通过这种方式，云提供存储服务。

3.3.3 故障抢修

云制造产品平台具有高度的开放性，系统安全问题至关重要。在平台运行过程中，既要保证任务高效完成，又要避免用户数据和设计数据的泄露。同时，还要防止各种木马的攻击。通过建立多层次的监控机制，系统能够自动预测和消除某些突发事件，如网络通信故障、设计师突然退出等。通过相应的容错、迁移和恢复策略，及时排除故障，保证系统的不间断运行。提供检测分类、解决策略制定、任务分配解决、系统运行过程中产生的冲突的智能处理等应用。在运行过程中对系统的各项参数进行动态监控，保证平台中各种数据的安全，防止各种木马或病毒的攻击。冲突解决和系统安全服务采用动态监控技术对协作过程和动态资源进行监控，以消除系统和网络故障，及时恢复系统。在故障排除时，首先向受故障影响的用户询问详细情况，从系统日志、诊断命令、软件注释信息、网络管理系统等信息源收集有用的信息。其次遵循由外部到内部的原则，即从主机外部设备向主机机箱内或从内外网边界向内网；遵循由上到下的原则，即在外部设备检测后，按应用软件数据处理过程，从输入到输出或网络协议的应用层到物理层，对可能出现的故障进行逐一排查。采用观察法、测量法、最小化系统法、组件替换法、组件比较法等方法，将收集到的信息加以利用，尽可能地缩小目标范围从而制订出高效的行动计划并实施。对于每个已经解决的问题，记录故障现象以及相应的解决方案，在今后类似故障排除时作为参考，从而极大降低故障排除时间，最小化对业务的负面影响。排除故障流程如图3-5所示。

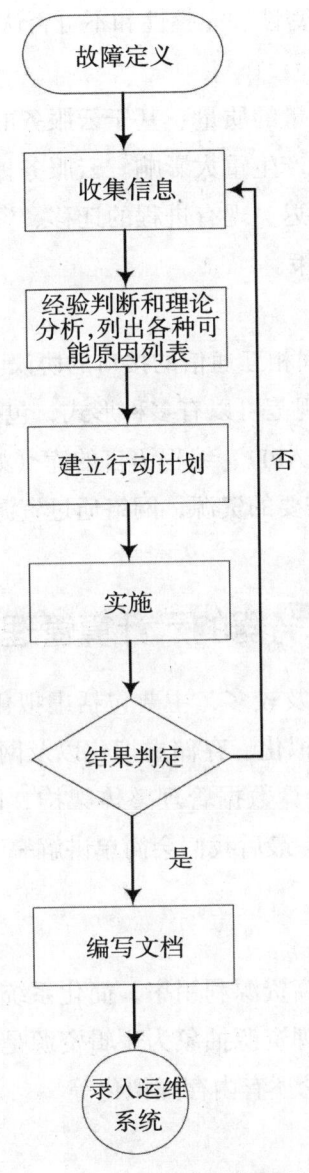

图 3-5 排除故障流程

3.3.4 负荷管理

假设提供云计算服务的物理设施分布在多个中心上，以便于在需求增加时增加设施数量，实现负载均衡，并提高可靠性。

1. 信息安全

使最终用户对存储其软件、数据和流程的云解决方案感到放心；应该充分保证服务是高度可靠和可用的，并且是安全的，隐私得到了保护。因此，我们需要考虑各种安全问题，如身份验证、数据机密性、完整性和不可否认性等。

2. 延迟

当我们谈到对延迟敏感的流量的质量、基于云服务的最终用户体验或公平交易的能力时，一秒甚至一毫秒都可能产生重大影响。云服务提供商应该能够在考虑到几个实用标准（如虚拟资源设置的延迟、现有进程的迁移、资源利用率等）的同时，对扩大或缩小数据中心做出准确的决策。

3. API（应用程序编程接口）

API是一种用于软件组件之间相互通信的接口的协议。API可以包括例程、数据结构、对象类和变量的规范。API规范可以有多种形式，包括国际标准（如POSIX）、供应商文档（如Microsoft Windows API）、编程语言的库（如C++或Java API中的标准模板库）。在这里，用户决定他们需要的资源，网络通过资源定价来协调他们的选择，以优化网络性能的整体衡量。

3.4 基于鲲鹏架构服务器的云计算管理平台技术

云计算管理平台相关技术涉及较多，主要包括虚拟化技术、分布式计算技术等。其中，虚拟化技术包括服务器虚拟化、存储虚拟化以及网络虚拟化等技术，本节将一一介绍上述技术，简要分析云计算数据管理整体架构，同时从运行机制、作用、优势、特点等方面介绍云管理技术，最后我们会简单讲解一下OpenStack技术。

3.4.1 服务器虚拟化

服务器虚拟化技术是为了提高资源利用率，简化系统管理复杂度，让服务器集成度更高而提出的一项技术。将物理资源抽象为逻辑资源是其核心思想，让一台服务器虚拟出多台的服务器，相似的概念还有内存虚拟化等。

1. 服务器虚拟化概述

在如今这个网络时代，计算机技术可以说是当今发展得最快、最广泛的技术之一，比如，关于人工智能技术、大数据分析方面的研究，这些技术对社会的发展、丰富我们的生活起到了重要的作用。而随着计算机技术的发展，网络技术以及数字技术也不断地发展，二者相互促进，形成技术进步的良性循环。服务器虚拟化技术就是计算机技术的革新，完成了对传统计算机实体服务器的虚拟化设计应用，让服务器的工作效率显著提升，是对传统实体服务器存储技术性能进行优化的有效方案。但是服务器虚拟化技术目前在应用过程中，还存在一定的技术安全问题，存在一定的风险性，影响技术应用效率。所以，在当前计算机服务器虚拟化技术应用过程中，做好安全防范是必不可少的一项措施，这也能确保服务器虚拟化技术应用得更加有效。

2. 服务器虚拟化技术的简要分析

服务器虚拟化是将物理服务器分解为多个虚拟服务器（称为虚拟专用服务器）的技术。每个虚拟专用服务器都可以独自运行。服务器虚拟化的概念广泛用于IT基础架构，通过提高现有资源的利用率来降低成本。

服务器虚拟化使我们能够有效地使用资源。在服务器虚拟化之下，我们可以消除硬件的成本。云计算中的这种虚拟化可以将工作负载分散到多个服务器上，所有这些虚拟服务器都能够执行专门的任务。

服务器虚拟化的主要优点是经济高效，因为它可以将单个服务器分成多个虚拟服务器，从而消除了物理硬件的成本。此外，应用程序对服务器的需求并不高，因为服务器上的每个虚拟机都在运行它们。

Hypervisor在服务器虚拟化中扮演着重要的角色。它是操作系统和硬件之间的一种中间软件层。在服务器虚拟化中，它被广泛用于IT基础设施，作为一种通过提高现有资源的利用率来最小化成本的技术。虚拟化服务器通常是中小型软件的良好解决方案。该技术广泛用于支持具有成本效益的网络托管服务。

在云计算中，虚拟化是创建一个服务器运行框架和存储设备的虚拟平台。通过同时支持各种机器来支持客户端，它还支持将资源或应用程序的单个物理示例共享给多个客户端。云计算中虚拟化的优点如下。

（1）更便宜，虚拟化不需要使用或安装实际的硬件，因此，用户可以将它作为一个低成本的系统来使用。对空间和资金的需求都更低。

（2）更高效率，虚拟化支持通过在第三方提供商上安装硬件和软件来自动更新，个人用户和公司不需要专门为此花钱。此外，虚拟化还减少了资源管理的负担，以支持虚拟环境中的适应性。

（3）可移植性，它可以简单地将我们的虚拟机从一个有缺陷的主机服务器移动到新的主机服务器，成本耗费相当低。

（4）灵活性，虚拟化允许用户灵活管理资源。无论用户选择哪种软件用以支持资源，都可以通过各种步骤简单地管理或完成。

云计算中虚拟化的缺点如下。

（1）安全性。数据是每个组织的重要元素。因为服务器是由第三方提供者处理的，数据安全要在虚拟化环境中保证。因此，必须仔细选择虚拟化解决方案，以便它能够支持足够的保护。

（2）可用性。可用性问题可能出现在虚拟化服务器上，虚拟化服务器如果已转为离线，访问托管的网站也将被拒绝。而这仅由第三方提供商控制，客户对此是无能为力的。

3. 完全虚拟化技术

完全虚拟化技术用于提供完全模拟底层硬件的虚拟机环境。我们可以在这种环境下运行任何能够在物理硬件上执行的软件，而且底层硬件支持的任何操作系统都可以在每个单独的虚拟机中运行。用户可以同时运行多个不同的客户操作系统。在完全虚拟化中，虚拟机模拟足够的硬件以允许未修改的客户操作系统独立运行。这在许多情况下特别有用。例如，在操作系统开发中，实验性新代码可以与旧版本同时运行，每个都在单独的虚拟机中。管理程序为每个虚拟机提供物理系统的所有服务，包括虚拟BIOS、虚拟设备和虚拟化内存管理。完全虚拟化是通过结合使用二进制翻译和直接执行来实现的。借助全虚拟化管理程序，物理CPU以本机速度执行非敏感指令；操作系统指令被即时翻译并缓存以备将来使用，用户级指令以本机速度未经修改地运行。完全虚拟化为虚拟机提供了最好的隔离和安全性，并简化了迁移和可移植性，因为同一个客户操作系统实例可以在虚拟化或本机硬件上运行。

4. 半虚拟化技术

在半虚拟化中，可以通过包括机器模拟、仿真以及硬件和软件分区的技术，将资源划分为多个执行环境。

半虚拟化技术会将客户操作系统重新编译，安装在虚拟机中，在主机操作系统上的虚拟分区中运行。与传统的全虚拟化相比，半虚拟化会更多地减少开销，对系统的性能提高也更加可观。

另外，企业使用半虚拟化就可以在一台计算机上同时运行多个操作系统，或者将大型系统分割成更小的部分，将物理硬件的作用发挥到最大。

半虚拟化还可用于隔离一个虚拟机中运行的程序，让它们免受同一主机上另一台虚拟机上运行的进程的影响。例如，如果一个虚拟机发生故障，其他虚拟机可以保持活动状态。

5. 硬件辅助虚拟化

硬件辅助虚拟化也称为本机虚拟化。这是一种在扩展条件下实现完全虚拟化的方法，其中处理器提供架构促进不同客户操作系统的构建和管理程序将调用直接转发到物理硬件，从而提高系统的整体性能。Xen管理程序、VMware、VirtualBox和Hyper-V与该技术兼容。

3.4.2 存储虚拟化

对应于服务器虚拟化，存储虚拟化概念的提出，是为了改善传统存储技术中存在的问题，实现更大的数据存储量，提高数据处理的效率。

1. 存储虚拟化概述

存储虚拟化是一种系统管理实践，它允许将硬件的物理组织与其逻辑表示分离。使用这种技术，用户不必考虑他们数据的具体位置，可以使用逻辑路径来识别。存储虚拟化使我们能够利用广泛的存储设施并将它们表示在单个逻辑文件系统下。存储虚拟化有多种不同的技术，其中最流行的一种是通过存储区域网络（SAN）实现的基于网络的存储虚拟化。SAN 通过大带宽连接使用可访问网络的设备来提供存储设施。

存储虚拟化与其他虚拟化类似，物理硬盘驱动器与存储数据的功能分离。打包存储虚拟化的方式有很多种，但最常见的方式是将多个物理磁盘显示为单个存储空间单元。除了作为单个硬盘空间单元的便利，存储虚拟化还允许更轻松地在驱动器之间迁移数据而无须任何停机时间，这几乎在任何环境中都是一个巨大的优势。

2. 存储虚拟化的特点

（1）逻辑卷的可用性与物理硬盘限制分开。

（2）将多供应商存储设备抽象为一组大小独立或物理位置重新分配的存储空间的能力。

（3）自动化存储优化和管理的能力。

这些特点决定了存储虚拟化的灵活性，并且解决了三个问题。首先是可管理性，存储虚拟化通过简化管理流程提高了管理员的效率。其次是可扩展性，通过设计，它能够随着需求的变化迅速增加新的容量。最后是可用性，它减少了由于驱动器故障或配置更改而导致的停机时间。拥有这种水平的内在便利性可以显著提高数据管理和存储效率。

3. 存储虚拟化方法

目前有三种存储虚拟化方法。

（1）基于服务器的虚拟化。

这种方法在主机系统上放置一个管理程序，并具有利用 SAN 资产的优势。

（2）基于结构的虚拟化。

这种方法可以通过网络交换机或设备服务器来完成。在以上两种情况下，独立的设备，如交换机、路由器和专用服务器，都放置在服务器和存储之间，并具有存储虚拟化功能。这样做的目的是减少对现有 SAN 和服务器的影响。

（3）基于存储阵列的虚拟化。

这种方法是在存储系统级别实现的虚拟化。

3.4.3 网络虚拟化

与前面提到的服务器虚拟化、存储虚拟化相比，网络虚拟化的技术还不太成熟，关于网络虚拟化的研究也有很多，但是目前关于网络虚拟化的定义并不清晰，甚至在概念上与其他技术混淆。

1. 网络虚拟化概述

网络虚拟化已经成为世界各地研究界的热门词汇之一，尤其是自从大量服务器（操作系统）虚拟化技术的最新进展以来。这个术语之所以流行，一个原因是我们看到了将计算资源虚拟化的概念扩展到网络资源虚拟化的好处，以实现更细粒度的资源控制；另一个原因是各种技术，如可编程交换机和强大的多核网络处理器都已经足够成熟，可以实现隔离路由器和交换机上的计算和网络资源。

我们注意到，网络虚拟化这个术语还没有明确定义，尽管它已经在许多文章和各种场合被提及和讨论过。更糟糕的是，该术语经常被滥用，并与覆盖网络和虚拟专用网络（VPN）等现有概念混淆。此外，它的好处往往只被强调为构建未来互联网体系结构测试平台的基础技术。

2. 网络虚拟化的定义

在我们看来，我们将网络虚拟化定义为一种通过虚拟化隔离计算和网络资源的方式，将它们分配到一个逻辑（虚拟）网络，以容纳多个独立且可编程的虚拟网络。

VPN的传统概念与网络虚拟化之间存在一些差异。虽然VPN在当前的网络架构中只提供明显的专用连接，但网络虚拟化旨在实现附加功能：①可编程性——虚拟网络可能配备可编程控制平面；②拓扑感知——虚拟网络可能是拓扑软件，而不是仅提供连接；③快速可重构性——可以快速配置和重新配置虚拟网络；④资源隔离——可以为虚拟网络分配一组计算和网络资源；⑤网络抽象——虚拟网络可以适应不同于当前互联网架构的新架构。所谓的覆盖网络和网络虚拟化之间也有根本区别。

网络虚拟化的另一种定义指的是对一组网络资源进行分区或组合的一种虚拟化技术，将处理过的网络资源呈现（抽象）给用户，让每个用户通过其分区或组合的资源集对网络拥有唯一、独立的视图。资源可以是基本的（节点、链路）或派生的（拓扑），并且可以递归地虚拟化。节点和链路虚拟化涉及资源划分、组合、抽象；拓扑虚拟化涉及新的地址（我们已经确定的另一个基本资源）空间。

3. 网络虚拟化的好处

我们假设，根据我们对网络虚拟化的定义，我们享受在单个共享物理基础设施之上的隔离逻辑网络中实现多个网络体系结构和服务的好处。这样做有两个好处：第一，从长远来看，我们可以定义一个元体系结构，以同时容纳多个体系结构；第二，从短期来看，我们可以构建试验台，同时对多个中断性网络体系结构和服务进行试验，而不受这些试验之间的干扰。

最近的趋势表明，许多缔约方正在定义自己的新网络架构，与当前的互联网不同。例如，学术研究活动表明，由于当前互联网的僵化，我们必须运用全新的思维来设计新的网络架构和服务。此外，在行业中，谷歌和亚马逊等企业现在拥有自己的网络，可以在内部连接大型数据中心，并与互联网主干网进行连接，以高效地交付内容和软件服务。令人担忧的是，这些企业可能会在学术界定义并统一未来互联网架构之前定义自己的未来网络。

我们还认为，不仅在未来的网络体系结构和定义它们的测试平台的背景下，而且在当前的互联网中，运营商可能会通过同时操作多个现有体系结构而受益于网络虚拟化。关键在于，运营商可能能够提供一个虚拟网络，每个用户甚至每个应用程序都有独立的资源，从而为新的商业模式打开大门。

4. 网络虚拟化所面临的挑战

（1）隔离。

资源隔离是最重要的挑战之一。安全隔离确保资源片之间没有串扰，大多数操作系统虚拟化都实现了这两种隔离机制，但将这种隔离概念扩展到网络资源是一个挑战。

（2）性能。

性能问题也是一个重要的挑战。当今大多数服务器虚拟化技术可能对控制平面（如信令和路由协议）有足够的性能，但它们不适用于需要快速网络I/O的数据平面。

（3）可伸缩性。

可伸缩性也是重要挑战之一，决定了网络虚拟化的弹性特征。

（4）灵活性。

在元体系结构中，我们必须能够灵活地在路由器和交换机等网络节点中实现实验性体系结构。这个问题与操作系统虚拟化密切相关。

（5）可进化性。

网络虚拟化机制必须跟上光纤和无线网络等底层技术的进步。

（6）管理。

网络管理问题是另一个难以解决的难题，当我们有成千上万的虚拟网络时，必须设计一种可行的方法在元体系结构中进行规模化管理。

（7）应用。

在一个片中应该实现什么样的体系结构是一个完全不同的重要挑战。

3.4.4 云数据管理技术

随着计算机技术的不断发展，数据源正在加速增长，数据量也在加速增长。数据量的不断增长带来了许多挑战，其中大部分挑战与访问管理、数据安全和监管义务相关。这就需要有一套特定的管理方案或系统，使用户能够简化其隐私管理、数据保护和访问治理框架，云数据管理应运而生。

云数据管理是一组工具、资源、系统和程序，可以有效地管理存储在云中的数据，无论是使用本地存储基础架构还是替代本地存储基础架构。云数据管理与传统数据管理实践完全不同，这是因为有针对云数据优化的独特原则和标准，与云相关的独特挑战是传统的数据管理构架。

要实现经济、安全且高效的云数据管理需要消除许多障碍，了解驻留在云中的数据资产是IT团队通常面临的最大挑战之一，该问题通常出现在云的迁移阶段。还有一个严重的问题是对可能驻留的敏感数据缺乏可见性。云管理是另一个需要有效解决的重要挑战。尽管多年来云安全性有了显著改善，但仍取决于用户建立何种程序或使用何种工具来改进访问管理并阻止未经授权的访问或数据泄露。

云数据管理就是要确保数据质量，保持数据完整性，使数据在可控环境中增长，并确保只有授权人员才能访问数据。为实现平滑迁移到云和无缝云数据管理，EDM委员会制定了云数据管理框架说明（CDMC），概述在云中管理数据相关的最佳实践框架。CDMC框架进一步使用户能够评估其云数据管理实践的成熟度级别。

云数据管理技术主要有以下几种技术，以下将对其进行分析。

（1）GFS技术。

2003年，Google推出了分布式和容错GFS（Google File System）。GFS旨在适应Google不断扩大的数据处理需求，满足许多与现有分布式文件系统相同的目标，包括可扩展性、性能、可靠性和稳健性。GFS由许多低成本硬件组件构建的存储系统组成。它经过优化以适应Google不同的数据使用和存储需求，例如它的搜索引擎，它会生成大量必须存储的数据。GFS利用了现成服务器的优势，同时最大限度地减少了硬件弱点。

GFS节点集群是具有多个块服务器的单个主服务器。这些服务器由不同的客户端系统持续访问。块服务器将数据作为Linux文件存储在本地磁盘上，GFS上的文件往往非常大，通常在数千兆字节（GB）范围内。访问和操作这么大的文件会占用大量网络带宽。带宽是系统将数据从一个位置移动到另一个位置的能力。GFS通过将文件分成每个64兆字节（MB）的块来解决这个问题。每个块都会收到一个唯一的64位标识号，称为块句柄。虽然GFS可以处理较小的文件，但其开发人员并未针对此类任务优化系统。

通过要求所有文件块的大小相同，GFS简化了资源应用程序。很容易看出系统中哪些计算机已接近容量，哪些计算机未得到充分利用。将块从一个资源移植到另一个资源以平衡整个系统的工作负载也很容易。

（2）BigTable技术。

随着我国科学技术不断发展，在经济高速增长的大背景下，人们对数据管理方面的要求也越发严格，管理水平也在逐步提高。目前随着云计算技术的出现以及大规模地应用，使数据管理的方式和管理策略等方面都出现了很大的改变，极大地提高了用户管理数据的效率和准确性，促进了云计算等技术的发展。

BigTable是一个分布式存储系统，用于管理结构化数据，其设计可扩展到非常大的规模：跨越数千台商品服务器的PB级数据。Google的许多项目都将数据存储在BigTable中，包括Web索引、Google Finance和Google Earth。这些应用程序在数据大小和延迟要求方面对BigTable提出了非常不同的要求。尽管需求不同，BigTable还是成功地为所有这些Google产品提供了灵活、高性能的解决方案。

3.4.5 云计算数据管理整体架构分析

随着技术的进步，云计算数据管理技术也在不断改进，架构也在不断变化，目前，云计算数据管理技术整体架构主要分为四个层面：数据组织和管理、数据集成和管理、并行处理、数据分析。这四个层面相互配合，充分将管理技术发挥。在数据组织和管理层，主要应用分布式储存，能够快速查询，访问分布式和大规模的数据库，还能直接作用于普通的硬件设备中。并且容错能力强，实现数据的快速精确存储。在数据集成和管理层，使用分布式管理技术对数据进行管理，极大地提高了数据分析与计算能力，能够更好地满足用户的需求与问题。在并行处理层，管理模式以云计算为核心，用户能够使用并行程序编写模式。数据分析层是完成云计算管理的最后一个步骤，合理利用相关的数据分析技术，同时通过数据分析引擎来合理地调度和语义分析技术，深度挖掘相关资源，帮助用户们在海量的数据中找到他们需要的信息。

3.4.6 云管理的问题与解决方案

企业需要准确的数据和可靠的预测分析才能做出明智的决策。虽然大多数云供应商都提供帮助用户保护和管理云应用程序的报告工具，但这些工具很少能提供数字分析和警报以外的功能。更重要的是，这些报告工具也不是统一的，导致用户必须执行不同的程序来获取、比较数据并将数据提炼成可以使用的资料。此外，大多数云供应商都会在自己的平台上提供云管理服务，这让同时使用多个提供商或部署了混合环境的用户可能遇到意想不到的问题。

为了促进改进管理，云管理软件被部署到了目标云环境中。作为包含自己服务器和数据库的虚拟机运行，捕获云应用程序活动和性能的数据，对其进行分析并将结果发送到中央仪表板。然后，所有连接云应用程序的数据都可以通过Web界面获取。用户还可以控制每个云应用程序，在需要时通过虚拟机发出命令进行更改。云管理解决方案有助于提高用户的可见性和控制力，并有助于减少管理云应用程序所需的人工量。

3.4.7 云管理的优势

如果使用得当，云管理可以全面提高云性能，同时也对业务的其他领域产生积极影响。潜在的好处包括以下几方面。

（1）更有效的分析。

如果没有云管理，管理员将不得不单独监控用户使用的每个云资源，这是一项非常麻烦的任务。云管理从内部和外部云应用程序中收集和分析数据，从而让管理员摆脱了这一责任。这提供了所有相关云服务的通用视图，为管理员提供了优化云资源使用所需的信息和见解。

（2）改进策略。

云管理的高级监控和分析功能同样有助于制定战略。云管理提高了对用户操作以及如何在云中处理工作负载的洞察力。这意味着决策者能够平衡工作负载并更有效地充分利用可用的云容量。此外，内置的实例自动化可以在流量高峰期将工作负载从私有云动态迁移到公共云，从而使企业能够满足需求，而无须配置更大的私有云基础设施。

（3）更可靠的安全性。

尽管现代云供应商倾向于提供有效的安全措施，并且保持最新的安全补丁，但在云中运行仍然存在风险。而且，由于大多数供应商在发生违规事件时不对基于云的数据承担全部责任，因此提醒用户采取额外措施来保护其云资源。云管理仪表板和趋势分析工具可帮助用户识别潜在的弱点并快速响应紧急安全情况。

（4）完全符合政策。

由于公司内部数据管理所涉及的价值和潜在风险，所有级别的用户都必须遵守既定的云使用政策和指导方针。云管理工具允许管理员审查云使用情况并识别不合规的操作。然后他们可以努力纠正这种情况。这些信息也很有用，因为它可以为未来的培训和政策审查提供信息。

（5）最佳成本管理。

最后，云管理可以帮助组织节省资金并获得更大的云投资回报。通过云管理，管理员可以更准确地确定使用不同云部署选项的最佳情况。然后，他们可以更有效地分配可用资源，消除未使用的云资源并充分利用正在使用的资源。

3.4.8 云管理平台的作用

组织越来越多地采用多云战略以提高弹性、降低成本，更快地将新产品和服务推向市场并更好地为客户服务。但是，缺乏合适的云管理平台会使实现这些目标变得困难或不可能。无法管理各个业务部门消耗的所有云资源可能会导致膨胀，这不仅会导致云服务的隐性成本增加，而且会导致对其中的性能问题或可靠性问题难以排除。由于无法监控和管理多个云，因此难以在符合行业和政府法规的情况下更快地将新应用程序和服务推向市场。

集成云管理平台（ICMP）可以通过提供对多个云环境的更大可见性和控制性来减少这些障碍。随着不断变化的公共云、私有云和云服务组合的增长，集成的"单一管理平台"提供了更大的优化和安全性。根据我们的客户经验，这种统一的集成和用户界面层，以及相关的工作流程和最佳实践，可以将运营效率提高70%，将云管理工具的总拥有成本降低三分之一，并减少提供技术基础设施所需的时间，从几周到短短一个小时。

3.4.9 云管理平台的特点

云平台拥有许多不同的特点，描述如下。

（1）提供云供应和优化工具，使组织更容易创建云资源并确保它们得到有效使用。这些工具还提供一致且经过验证的部署蓝图，可提高云应用程序的性能、稳定性和安全性。ICMP 提供了一个单一界面，组织可以通过该界面协调跨多个云的计算、网络和存储的创建和管理。

（2）提供配置管理和应用程序部署工具以及自动化的持续代码交付和集成产品。ICMP 自动配置云资源，确保遵循适当的原则将代码发布到生产环节，触发所需的更改并提供持续的性能监控。

（3）为应用程序提供所需的响应能力和可靠性的应用程序性能管理工具。

（4）提供财务管理工具，可帮助组织了解其云支出、跟踪预算并确保最具成本效益的云资源组合。

（5）解决跟踪性能和可靠性问题以及提供这些问题产生的票证的 IT 服务管理（ITSM）工具。

（6）提供安全工具，可确保应用程序和数据免受攻击并符合政府和行业标准，自动收集合规信息并修复问题。

3.4.10 集成云管理平台中需要的基本功能

（1）必须能够与各种领先的云服务提供商（CSP）轻松集成。

（2）提供一个单一的用户界面仪表板，可从所有云和云管理工具中捕获数据，通过基于角色的访问控制并根据业务用户和技术用户的需求进行定制。

（3）使用现成的蓝图进行预集成和预配置，以减少部署时间。

（4）云资源的自动发现、命名和（重要的是）标记云资源，无论使用哪个或多少个云提供商，与分析结合使用时，都提供更丰富、更详细的跟踪和计费报告数据，以降低成本并最大限度地提高效率。简化满足业务需求所需的定制要求，使用开放标准和API与CMP集成，从而降低成本并提高性能、功能和可扩展性。

（5）人工智能和机器学习可帮助解决问题和优化运营，对话式人工智能可简化故障排除和基于机器人的常见问题解答和票证创建，以加快对用户查询和票证关闭的问题分类和解决。

3.4.11 OpenStack 简介

OpenStack是一个云平台管理的项目。它不是一个软件，而是由几个主要的组件组合起来，为公有云、私有云和混合云的建设与管理提供软件的开源项目。现在已经有来自100多个国家和地区的数万名个人和200多家企业参与到OpenStack的开发，如NASA、华为、谷歌、惠普、Intel、IBM、微软等。

1. OpenStack 的运作原理

OpenStack的主要目标是管理数据中心的资源，简化资源分配。

OpenStack本身并不虚拟化资源，而是使用它们来构建云。OpenStack也不执行命令，而是将它们集中到基本操作系统中。所有这三种技术——OpenStack、虚拟化和基础操作系统——必须协同工作。这种相互依赖是很多OpenStack云使用Linux部署的原因，这也是RackSpace和NASA决定将OpenStack作为开源软件发布的灵感。

OpenStack的整体架构和物理架构如图3-6、图3-7所示。

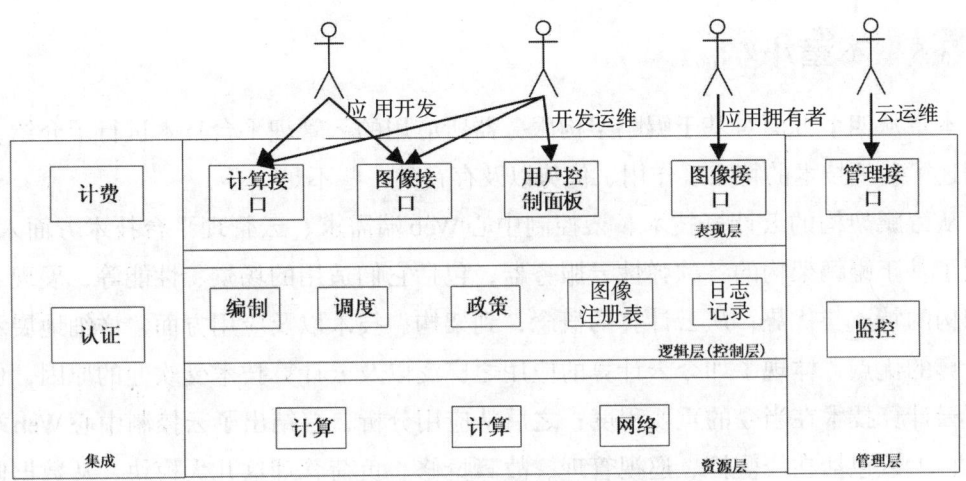

图 3-6 OpenStack 整体架构

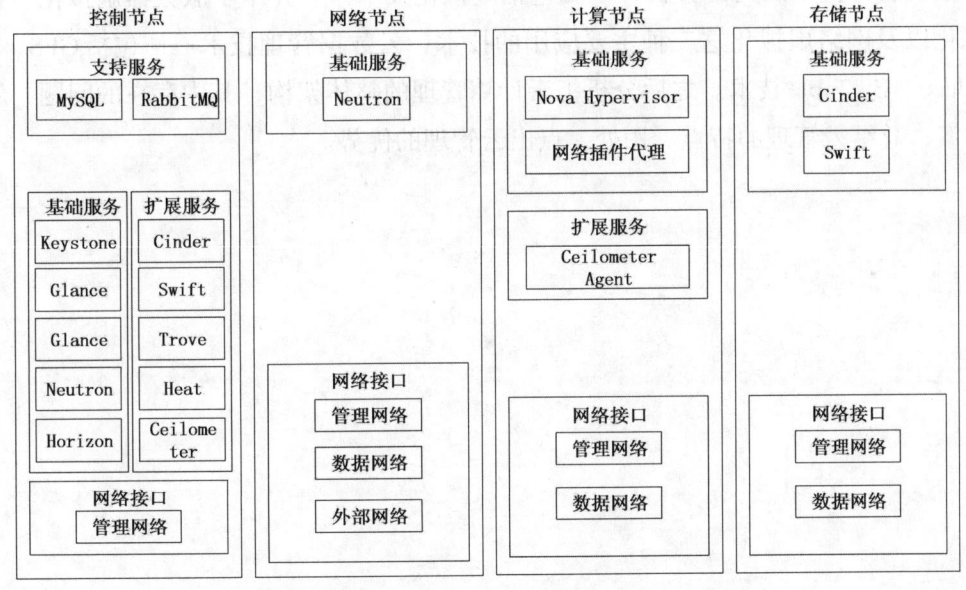

图 3-7 OpenStack 物理架构

2. OpenStack 的核心项目

OpenStack 覆盖了网络、虚拟化、操作系统、服务器等各个方面。根据成熟度及重要程度的不同，被分解成核心项目、孵化项目、支持项目和相关项目。每个项目都有自己的委员会和项目技术主管，而且每个项目都不是一成不变的，如孵化项目可以根据发展的成熟度和重要性，转变为核心项目。

3.5 本章小结

本章从四个方面对基于鲲鹏架构服务器所应用的云管理平台技术进行了介绍，详细阐述了各项技术的特点、作用、优势以及存在的一些不足。

从鲲鹏架构的云计算技术、云控制中心 Web 端需求、云管理平台技术方面入手，介绍了基于鲲鹏架构的各款弹性云服务器，包括它们适用的场景、性能等，展现了鲲鹏架构的特点与优势；从云计算的概念，到架构、技术以及应用方面，详细地展示了云计算的优点，体现了如今云计算的应用之广泛以及云计算技术受欢迎的原因，也体现了云计算技术在当今的重要程度；之后从应用分析，总结出了云控制中心 Web 端的需求，大致包括在线监控、巡视管理、故障抢修、负荷管理这几大模块，从数据监控采集，到硬件管理、故障维修、监视管理几个方面进行分析，得出总结；最后是对云计算平台管理技术的列举分析，主要包括虚拟化技术——介绍了服务器虚拟化、存储虚拟化以及网络虚拟化这三种主要应用的技术，云数据管理技术——包括 GFS、MapReduce、BigTable 技术。之后分析了云计算管理的整体架构，其中存在的问题，解决的方案，总结云管理的特点、用处，点出云管理的优势。

第4章
面向多业务链时空大数据的多视角认知与分析挖掘方法

当前,以5G、云计算、大数据、边缘计算、物联网等为代表的新技术快速发展,人工智能技术也因深层神经网络的成功而获得了巨大进步。随着经济全球化和社会化分工的发展,企业之间的业务协作越来越紧密,并呈现大规模、多目标、多角色和多层次的特征。因此,使用人工智能技术,对大量的时空大数据进行挖掘与分析,就可以发现很多有用的、隐含的、以往不曾发现的一些规律,这些规律可以为更多的上层应用和决策提供参考。遥感、移动网络、GPS设备和RFID系统等多种技术产生了大量的时空数据,这种海量的时空数据给存储、管理、分析和知识发现方面带来了挑战。数据挖掘是有潜力从数据仓库中提取出隐含的、重要的和以前未知的信息的一种极其强大的技术。时空数据挖掘与分析是在复杂的时空数据中提取隐含的信息、时空关系或相似模式,在各个领域都具有广阔的应用前景。开展时空数据的高维特征提取技术、基于人工智能的能源数据挖掘算法和面向业务链的时空大数据挖掘与分析技术的研究,就能实现高效灵活地综合处理不同来源、不同性质的时空数据,可以为智慧能源管理服务平台精准化与智能化管理提供强大的全空间、全信息时空关联的多层次可视化分析能力。

4.1 时空大数据及其意义概述

从世界上第一张地图的诞生(4500多年前巴比伦的第一张地图)到现代科学技术

的快速发展，人类一直在探索时空数据的自然规律及其普遍价值。时空大数据是指具有时间序列的空间数据，是最重要的大数据。人类的活动本质上就是一种时空行为。在我们的日常生活中，具有时间序列的空间数据无处不在，并且人类生活产生的数据80%与空间位置有关。由于信息对象的空间特征、属性特征、关联性等随时间维度的变化而变化，各种拓扑关系相互交织，因此时空大数据具有位置、属性、时间、尺度、分辨率、多样性、异构性、多维性、价值隐含性、快速性等多种复杂的特性。随着大数据、云计算、人工智能的出现，以及数据组织、数据拟合算法和分析方法的不断创新，导致时空大数据量呈指数级增长。

时空大数据是多维的，包括时间维、空间维和属性维。在时间维度上，信息对象的空间信息和属性信息随时间变化，具有变化性和不确定性。在空间维度上，信息对象的空间形态包括点、线、面等不同的几何形状，空间关系包括弧、树和网络拓扑关系。空间尺度是灵活多变的。在属性维度上，信息对象属性信息的状态和变化与当前的时空密切相关。因此，时空大数据由于空间属性和时间属性的存在导致其类型和表示的多样性。

时空大数据还有两个通用属性。一个是自相关。在时空大数据领域，附近位置的观测与时间戳是相互关联的，而不是独立的。时空数据集的这种自相关将会导致空间观测的一致性和时间观测的平滑性。另一个是异质性。时空大数据的空间背景在不同的时间尺度和语义尺度下实时变化，具有多源异构的特点。例如，大脑的不同空间区域执行不同的功能，因此对刺激会表现出不同的生理反应。这种空间和时间的异质性要求学习不同时空区域不同时空大数据的不同模型。

4.1.1 时空大数据的类型

在不同的实际应用环境下，可以遇到各种不同的时空大数据类型。时空大数据的常见类型有以下四个。第一个是事件数据，包括发生在点位置和时间的离散事件。第二个是轨迹数据，测量移动物体的轨迹。第三个是点参考数据，在移动时空参考点测量连续的时空场。第四是栅格数据，在时空网格中的固定细胞收集时空场观测值。事件数据和轨迹数据类型记录离散事件和对象的观测，点参考数据和栅格数据类型捕捉连续或离散时空场的信息。图4-1展现了时空数据类型构造的时空数据实例的不同类别的映射。

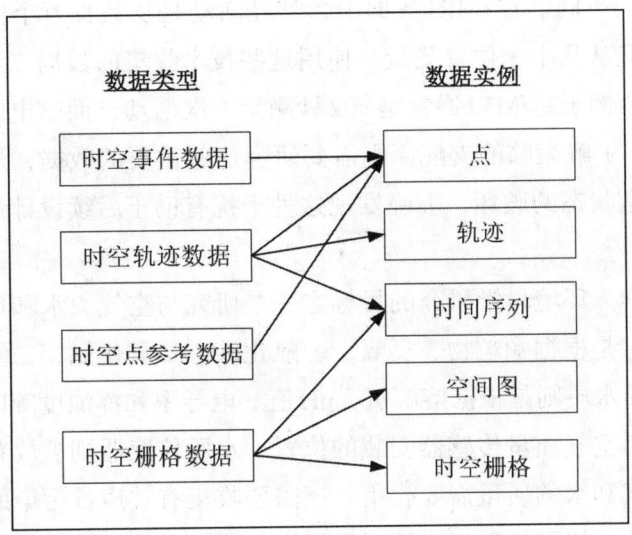

图4-1 时空数据类型和实例的映射

4.1.2 时空大数据的应用

随着大数据、云计算、网络、人工智能的出现，时空数据的数量呈指数级增长。位置信息、运动轨迹、自然变化和人类活动等反映经济、社会、人类、生态等信息的时空数据，成为感知、保存和分析的时空数据。通过专业传感器以及网络无处不在的非专业传感器，我们可以获得不同的时空数据。航空和卫星图像、城市真实图像、城市视频数据和移动轨迹都是这种传感器的例子。气候科学、社会科学、神经科学、流行病学、交通运输、移动卫生和地球科学等不同领域都在收集和研究大量的时空数据。时空大数据不同于关系型数据，计算方法在数据挖掘领域已经发展了几十年，因为除了实际的测量/属性外，空间属性和时间属性都是可用的。例如，在神经成像数据中，人类大脑测量的活动连同测量活动的空间位置和测量的时间一起存储。同样，到达谷歌服务器的网络搜索请求也有其产生的地理位置和时间。有效地分析这些极其有用的时空大数据，为推进这些科学领域的最先进的技术带来了巨大的希望。

（1）气候科学。有关历史和当前大气和海洋条件（如气流、湿度等）的数据在气候科学中被广泛收集和研究。除了从气象站收集的观测数据和空间网格化的再分析数据，该领域还研究了利用气候模型生成的模拟数据。研究这些数据的目的是发现气候科学中的关系和模式，以促进我们对地球系统的了解，并通过及时告知适应和减缓行动，这样可以为未来可能出现的不利条件做好充足的准备。

（2）神经科学。神经科学研究利用功能磁共振成像（fMRI）、脑电图（EEG）和脑磁图（MEG）等多种技术捕捉连续的神经活动。使用这些技术测量的神经活动的空间分辨率有很大的不同。在fMRI数据中,神经活动是从数百万个位置测量的,而在EEG数据中,它只从几十个位置测量。使用这些技术收集的数据,其时间分辨率也有很大的不同。举个例子,fMRI通常是每2秒测量一次活动,而脑电图数据的时间分辨率通常是1毫秒。了解大脑的支配原则需要研究这些重要的数据,从而确定在精神障碍的情况下对正常状态的破坏,准确发现这种干扰有助于后续设计诊断程序和开发治疗程序。

(3)环境科学。环境科学研究的目标之一是研究与空气、水和环境质量有关的重要数据。空气质量是根据颗粒物、臭氧、一氧化碳、二氧化氮、二氧化硫等污染物的存在来测量的,而水质则是根据溶解氧、pH值、电导率和浑浊度等因素来测量的。街道或建筑物顶部是空气质量传感器安装的位置。水质传感器则被放置在河流、小溪和湖水中。不仅空气和水的质量需要收集,还需要收集有关声音污染的数据。为了检测污染水平是否变化,识别导致污染的因果因素,制定有效的政策以减少不同类型的污染就需要去研究这些环境数据集。

(4)精准农业。精准农业领域需要定期收集比较大的农场的多波段高分辨率区域或者说是遥感图像。收集和研究这些数据有很多目的,其中有一个就是发现植物病害,了解种植过程中压实、施肥不当、杂草等因素对作物产量的影响以及它们之间的相互关系。在这些对农业有益的知识的帮助下,就可以在以后的作物周期中采取合适的措施,从而减轻由于不利影响作物产量的因素造成的风险。

(5)流行病学(医疗保健)。在医院中存储的电子医疗数据详细提供了与患者有关的人口统计信息以及在不同时间点对患者进行的诊断。这些数据集可以表示为一个时空数据集,因为其中每个诊断都有一个与之相关的空间位置和时间点。这样人们可以为癌症和糖尿病等不同类型的疾病以及流感等传染病构建这样的时空实例。研究这些数据是为了发现不同疾病的时空模式,并研究流行病的传播方式。不止如此,这些数据如果与环境、气候科学领域的数据集结合在一起,就能发现环境因素与公共健康之间的关系。而这种关联最后能帮助政府的决策者制定出长期有效的政策,从而为社会做出巨大贡献。

(6)社交媒体。世界上著名的社交媒体门户网站(如Twitter和Facebook等)的用户会在特殊的地点和时间发布它们的不同体验。每个发布在社交媒体上的帖子都会记录到用户在特定地点和时间的体验。我们利用这些特定的数据就可以研究特定时间、特定地点的集体用户体验,还可以通过用户的帖子了解流感、埃博拉等传染病的传播情况。最近一段时间,对利用社交媒体数据对社会和政治运动的传播进行研究也比较流行。不仅如此,地震、海啸和火灾等自然灾害也可以根据这些数据进行自动检测,进而提前预警,减少民众的损失。

（7）交通动力学。交通动力学领域对时空大数据也十分依赖。例如，如今全球有部分城市的计程车接送的数据是公开的。该数据包含计程车上车和下车的时间和地点，以及出租车行驶过程中每秒钟的 GPS 位置，也就是司机服务每个客人的每次出行的信息。这些数据可以用来了解城市人口在空间上如何随时间而移动，以及交通和天气等外部因素对交通动力造成的影响。此外，该数据还可以用于研究基于出租车群体运动模式的交通动力学，这不仅可以让交通工程师设计出更加有效的方案来减少城市发生严重的交通拥堵影响市民出行，还可以通过这些数据来研究出租车司机的行为，检测出行驶的异常行为，增加帮助司机发现新乘客的可能性，最后还可以为司机选择最优的路线更快到达目的地。

（8）太阳物理学。太阳物理学研究发生在太阳上的事件及其对太阳系的影响。公开的太阳物理事件知识库提供了各种观测结果，包括每天的太阳事件及其注释，例如活动区、出现的通量、灯丝、Sigmoid、耀斑和太阳黑子。在太阳上观测到这些事件的时间和地点也在知识库中提供。研究空间信息和时间信息以及不同的观测结果，以发现太阳活动的模式。太阳物理学知识库也使研究太阳活动和地球气候系统的影响成为可能。

（9）犯罪数据。执法机构中会储存大量多城市报告的犯罪信息，还会将这些信息公之于众。这些犯罪信息里的数据基本上会含有犯罪的类型（例如袭击、盗窃等）以及犯罪的时间和地点。通过这些时空大数据，可以研究犯罪模式和执法的政策与一个地区犯罪数量之间的关系，从而针对不同的犯罪模式制定有效的执法政策，最终达到减少犯罪的目的。

4.2 时空数据的高维特征提取技术

能源企业业务链数据包括工业互联网数据、外部跨界数、企业信息化数据，具有海量、多维度、价值稀疏等特性。传统特征提取方法难以应对，本课题拟突破一种高维稀疏多业务链时空数据特征提取方法，以形成具有高业务价值的数据特征，为全要素、全产业链的全面数据认知和数据分析提供支撑。

4.2.1 传统的特征提取技术

传统的特征提取方法通常需要专业知识来选择手工制作的特征类型，并且对子空间聚类有很大影响的各种成像条件非常敏感。深度学习方法，例如卷积神经网络，是不存在这些缺点的替代特征提取器。特征提取是一种降低维数的方法，其中图像的大量像素以捕获图像重要部分的方式有效地表示。这种降维有助于消除冗余和不相关的数据,并提高准确性。一组特征可用于以单个特征向量的形式表示对象,这用于识别和分类对象。传统的特征提取技术主要分为尺度不变特征变换、加速鲁棒特征和方向梯度直方图,以下对这三种方法进行分析。

1. 尺度不变特征变换(Scale Invariant Feature Transform,SIFT)

SIFT是一种强大的方法,用于寻找区分不变的图片特征,从而允许可靠的图像跨越多个视图进行匹配。尺度空间极值识别、关键点分割、方向计算以及关键点描述是SIFT主要使用的四种计算技术。并且所有阶段都是按方向执行的,每一级都要经过筛选过程,以确保只有最具弹性的关键点进入下一阶段。

它也提供了不受不同技术(如物体缩放和旋转)中遇到的若干困难影响的图像特征集合,并相应地灵活地适应图像中噪声的影响。在图像特征生成过程中,SIFT提取图像并将其转化为局部特征向量的广泛集合。单独的,每一个向量对于物体(图像)的缩放、旋转或解释都是平稳的。最初,SIFT的关键点是从一组图像(数据集)中获取,并存储在整个数据库中,对象通过将当前图像中的特定特征离散地与数据库相关联,并根据它们的点向量的欧几里得度量获得候选匹配特征,从而识别当前图像。从完整的等效点集合中,对当前图像中支持物体及其位置、比例和方向的关键点子集进行分类,以过滤出较好的匹配。

同时SIFT检测器基于高斯差(DoG),它是一种拉普拉斯高斯(LoG)估计。描述法提取每个被检测特征周围的16×16环境,并进一步将该区域划分为子块,总值为128。高斯的差值为

$$D(x,y,\delta)=[G(x,y,k\delta)-G(x,y,\delta)]\cdot I(x,y) \quad (4-1)$$

2. 加速鲁棒特征(Speed Up Robust Features,SURF)

SURF描述符是由SIFT描述符衍生出来的,在鲁棒性、显著性和可重复性方面近似或优于SIFT描述符,并且更易于比较和计算。同时与修改图像尺寸不同,它是通过更改盒式滤波器的大小来调整比例。同时它运算速度快是因为简单的盒卷积的数目大大减少。它主要用于图像分类、三维重建、人脸识别和兴趣点(PoI)的提取。局部特征用64维特征向量表示。但SIFT使用128维特征向量,这提高了处理性能。此外,SIFT描述符受光照、尺寸、平移或旋转的影响时会比人脸识别更有优势。

SURF使用描述符和关键点来构建关键点。它基于SIFT,采用积分图和多尺度空间的概念。由于采用了积分图和多尺度空间的概念,SURF对单盒卷积运算的要求较低,效率也有所提高。SURF通常有两个不同的阶段:关键点识别和关键点描述。关键点检测阶段采用积分图像,而不是SIFT中使用的DoG方法。表4-1展示了SURF和SIFT的区别。

表4-1 SURF和SIFT的比较

项目	SURF	SIFT
检测特征点	使用不同的盒式滤波器与原始图像进行卷积	不同比例图像与高斯函数的卷积
定向分配	计算兴趣点周围x方向和y方向的Haar波响应	在相邻区域使用梯度直方图
描述子	区域被分成更小的4×4子区域,计算5×5采样点处的Haar波响应,然后记录	16×16区域被分成更小的4×4子区域。在每个子区域中,计算8个梯度直方图

SURF的核心策略是对积分图像进行卷积。它使用一个基于Hessian矩阵作为检测器和基于分布的描述符,图4-2展示了SURF的过程。

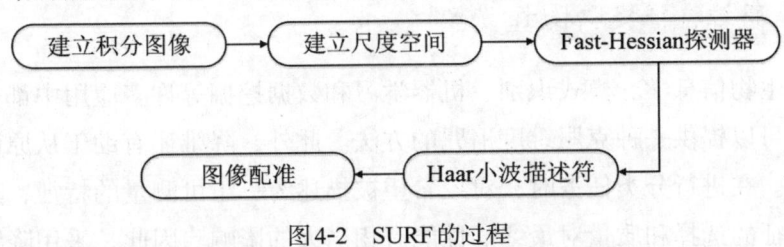

图4-2 SURF的过程

3. 方向梯度直方图（Histogram of Oriented Gradient，HOG）

HOG特征与SIFT特征描述符相关,SIFT是在稀疏的兴趣点集中计算的,而HOG是在密集的网格上运行的。为了检测目标,HOG特征提取在图像处理中得到了广泛的应用。HOG根据像素强度梯度和边缘方向的分布对局部对象的外观和布局进行分类,尽管知道另一条边缘在哪里。通过将图像分解为成为单元的子图像,将HOG描述符应用于给定的图像点。对梯度模式进行量化,并将单元内每个像素的梯度阶数加到量化梯度模式,以创建该单元内边缘方向的直方图。HOG的计算步骤如图4-3所示。

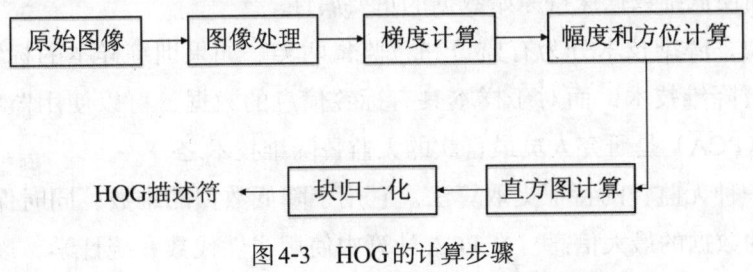

图4-3 HOG的计算步骤

与其他描述符方法相比,HOG描述符有一些特殊的优点。由于HOG特征对局部单元进行操作,因此该方法对几何变换和光度变换保持不变性。Dalal和Triggs还发现,粗略的空间采样、精细的方向采样和强烈的局部光度归一化允许忽略行人的身体运动，只要他们保持大致直立的位置。因此，HOG特征特别适合人类检测。事实上，HOG特征在目标检测和分类中表现得非常好。这在过去几年的大量工作中得到了验证。

HOG具有很强的局部图像结构表示能力。然而，它仍然有两个主要缺陷：第一，HOG对旋转变换敏感，这限制了它在其他领域的应用；第二，较大的特征维数增加了训练和分类的计算量。将HOG用于人脸数据库的人脸图像检索时，计算量很大。因此，为了提高算法的效率，人们做了很多努力。在HOG特征提取中引入了boosted级联算法，增加了特征数量，提高了特征检测效率。同时利用人脸图像的固有特征来降低HOG描述的特征维数。为了弥补HOG的上述两个缺陷，特开发了一种有效的基于纹理趋势的HOG特征，该特征对光照、缩放和旋转都是不变的。

4.2.2 高维特征提取技术

降维在生物信息学、模式识别、机器学习和数据挖掘等许多应用中都是不可或缺的，因为它可以提供一种克服维度诅咒的方法。此外，降维还有助于从原始数据中提取判别特征。在进行分类任务时，对象希望被描述为一组可测量的特征，其中代表不同模式的特征的选择和质量对最终的性能有相当大的影响。因此，采用降维或特征提取的方法从原始数据中提取新的特征，以降低特征测量的成本，高效地提高分类精度。到目前为止，许多现有的涉及线性和非线性变换的技术被应用于各种数据分类。以下对用于高维特征提取的两种主要方法（即主成分分析、线性判别分析）进行讲解。

（1）主成分分析（Principal Component Analysis，PCA）。

由于技术的进步，处理高维数据已成为文本分类、人脸识别、疾病诊断等许多研究领域的一个重要问题。然而，由于维数灾难，它的计算效率很低。为了避免这一问题，降维技术越来越受到研究人员的重视。降维的目标是将数据从高维空间转换为低维空间，从而使低维数据保持原始数据的重要属性。

一般来说，降维技术分为有监督和无监督两类。如果训练样本的标签不可访问，则使用无监督降维技术，而对于样本具有标签信息的数据，可以使用监督降维方法。主成分分析（PCA）是研究人员最喜欢的无监督降维技术之一。

PCA是一种无监督的特征提取算法。它用于降低数据的维数，同时保留其可变性水平所表达的数据的最大信息。在PCA计算中使用线性代数和统计学，以发现输出的高变量和高相关性，并在线性变换中重新排列特征，以便在简单矩阵中创建新的变量。主成分分析的第一个特征描述了数据集的高方差，并在数据集的任何项目中拥有最多的信息；第二个特征的信息量更大，并且比第三个特征的方差更大，以此类推。PCA的步骤如下所示。

①通过"标准化"对特征进行规范化处理；

②协方差矩阵计算；

③求协方差矩阵的特征值和特征向量；

④在缩放数据上绘制向量。

主成分分析应用的本质在于以最小的整体离散度损失简化原始数据，为降低数据表示的维数铺平道路。事实上，除了主成分分析（PCA）之外，探索和建模数据集的更稳健方法可能还涉及几种类型的预测，包括：线性判别分析（LDA）、独立成分分析（ICA）、最大熵等。然而，由于上述许多预测所需的非线性优化，这种方法可能意味着巨大的计算成本。有趣的是，在以特征之间存在相关性为特征的数据集的情况下，PCA仍然可以在其他计算上更昂贵的预测之前应用，以获得数据简化，从而减少总体执行时间并满足更重要的统计数据。因此，主成分分析的一个特别重要的问题是它通过去相关来简化通常在真实世界或模拟中发现的数据集的效率。

（2）线性判别分析（Linear Discriminant Analysis，LDA）。

线性判别分析（LDA）是一种出色的分类算法，在情感语音识别、多媒体信息检索、人脸识别、图像识别等许多应用中都有重要的成就。虽然LDA在低维数据中表现良好，如果数据具有巨大的特征维度，则有必要降低数据维度。

线性判别分析是一种数学降维方法，在模式识别和分类问题中用作预处理，例如Li建议在更小的维度空间中设计原始数据矩阵，以便在这些轴上对引用同类数据的大多数点进行分组为此，有必要在缩减的维度空间中计算一个函数，使不同类别的平均值之间的距离最大化，并使同一类别的平均值与样本之间的距离最小。

LDA模型假设每个类别的输入满足多维高斯分布，并且每个类别的协方差矩阵相同。假设输入x是一个多元向量，其维数为p。然后，其高斯分布函数为

$$f_k(x) = \frac{1}{2\pi^{p/2}|\Sigma|^{0.5}} e^{-\frac{1}{2}(x-u_k)^T \Sigma^{-1}(x-u_k)} \tag{4-2}$$

其中，p是维数，是k类的平均向量，是协方差矩阵的逆，也是其行列式的值。

假设训练样本集由k类组成，而输入测试样本集属于这k类中的一类，则每个类的最大概率可以通过贝叶斯定理计算出来。当样本x出现时，属于k类的输入样本的概率可以表示为

$$P_r(G=k|X=x) = \frac{\pi_k f_k(x)}{\sum_{i=1}^{k} \pi_i f_i(x)} \tag{4-3}$$

通过计算每个类别的概率并进行比较，k对应的最大概率就是输入测试样本的类别。

通过将（4-2）代入（4-3），可以从数学上将（4-3）的条件概率简化为

$$f(x) = \log(\pi_k) + x^T \Sigma^{-1} u_k - \frac{1}{2} u_k^T \Sigma^{-1} u_k \qquad (4-4)$$

其中，x 是输入测试样本。

表达式（4-4）应为每个类计算 k 次，与 $f(x)$ 的最大值相对应的类是应分配给输入样本的类。

4.3 基于人工智能的能源数据挖掘算法

人工智能在能源工业中的地位越来越重要，对未来能源系统的设计具有巨大的潜力。典型的应用领域是电力交易、智能电网、电力、热力和运输的部门耦合。在能源系统中增加使用人工智能的先决条件是能源部门的数字化和相应的大量可评估的数据。人工智能通过分析和评估数据量，帮助能源行业提高效率和安全性。

4.3.1 人工智能在能源领域中的优势

（1）人工智能正在帮助能源公司在能源失效之前发现缺陷。

在全球能源行业，设备故障是一个普遍的、代价高昂的问题，其后果可能是灾难性的。以人工智能为燃料的工具可以帮助公司通过分析用于监控设备和在灾难发生前检测故障的传感器的数据来创建理想的维护时间表。这些进步可能为公司节省数百万美元，并为能源生产和消费增加效率和可靠性。

ABB 公司应用人工智能通过图像分析发现诸如管道和机械的裂缝等故障。作为一个例子，该公司提到了一个与世界上最大的水力发电公司之一合作的试点项目。在使用 ABB 的平台后，公司显示日常维护减少了 10%，产量增加了 2%，据公司说，这些数字相当于节省了数百万美元的成本。

施耐德电气通过利用微软的机器学习来监控和配置现场的油气泵，以便及早发现泵的故障。该公司最大的客户之一——印度最大的发电机公司塔塔电力公司（Tata Power），在技术提前发现维护问题时，节省了 30 万美元。

施耐德电气利用微软的机器学习能力远程监控和配置油气田的水泵，因为早期检测水泵故障可以避免数周的设备失效和高达 100 万美元的维修费用。

（2）人工智能驱动的自动化降低了石油成本，提高了石油回收率。

人工智能为包括能源部门在内的广泛行业的自动化提供动力。除了自动化传统上由人工完成的单调重复的任务外，人工智能还帮助石油公司确定在哪里钻井，节省了无数的工作时间和成本。

像英国石油公司这样的公司正在投资机器学习平台，通过物联网传感器更快地发现新的石油储备，并且回收更多的石油。英国石油公司报告称，与这些增强措施直接相关的盈利能力有所改善。

（3）"智能"电力消费工具正在改变消费者使用和节约能源的方式。

美国能源信息署（EIA）报告说，将近一半的美国能源用户安装了智能电表，通常是由当地的公用事业公司安装在家里。这些仪表提供了个人能源消耗的数据，公用事业公司可以利用这些数据更好地预测即将到来的能源使用水平，客户可以利用这些数据更好地调节他们的消费。

美国能源信息署表示，通过谷歌和亚马逊等公司提供的智能驱动智能家居解决方案，智能电力消耗也越来越频繁地被采用。这些设备与其他家用设备通信，以识别能源浪费。举例来说，消费者可以算出何时是最便宜的时间去充电他们的电动车辆或运行他们的空调。

（4）人工智能帮助消费者选择最合适的能源厂商。

在美国这样不受管制的能源市场，消费者可以选择他们的能源供应商。卡内基梅隆大学（Carnegie Mellon University）设计的Lumator等工具分析客户偏好和消费数据，并将其与能源供应商提供的优惠进行比较，包括限时促销价格。消费者可以通过Lumator选择在他们使用最多的能源类型上提供最优惠的能源公司。随着时间的推移，随着Lumator对客户"了解"更多，它可以在不中断服务的情况下，随着更好的交易出现，自动切换能源计划。

除了节约成本，像Lumator这样的工具可以通过分析消费者对可再生能源的偏好，并向能源生产商报告需求，从而帮助增加可再生能源的使用份额，相应地调整供应。

（5）以人工智能为动力的机器人正在提高能源部门工人的安全性。

人工智能在能源领域的一个更具未来感的例子就是自主机器人的创造，这种机器人可以在与能源相关的危险情况下取代人类。自动驾驶机器可以承担一些任务，比如勘测高压输电线，或在海底搜寻宝贵的资源——而不是把人类潜入危险的深海。

ExxonMobil公司与麻省理工学院能源计划合作开发自主机器人能力，投资于能够提高机器人执行复杂任务能力的技术。麻省理工学院的研究小组模仿火星好奇号探测器制造了自学习的人工智能机器人，将探索遥远星球和地球海底新视野的技术结合在一起。

展望未来，很明显，人工智能将继续在全球能源领域发挥关键作用——这可能有助于解决目前全球与电力消费相关的环境问题。

4.3.2 人工智能在能源领域的主要用途

1. 数据数字化处理

随着世界向个性化数字化服务的方向转变,能源部门已经落在了后面。人工智能可以帮助转换数据收集、存储和管理,使能源部门赶上时代。尽管这个行业是如此强大和有利可图,但它仍然严重依赖于体力劳动。

能源公司有大量的数据需要管理。在人工智能的帮助下,它们可以更有效地存储、处理和管理数据。实施创新技术可以帮助能源工业在不稳定的经济条件下获得更大的竞争力,并发展出比现有更好的操作方法。此外,人工智能数据管理可以揭示新的见解,可以完全改变行业的工作方式。

2. AI预测

世界面临着戏剧性的能源问题。现代机器需要越来越多的能量来维持,全球人口也是如此。人工智能在能源行业的主要任务之一就是预测分析。

能源公司迫切需要改进能源管理方法,以降低成本,节约能源,为不断变化的环境做好准备,并提供更好的客户服务。在机器学习和深度学习的帮助下,能源行业的预测有可能进入更高的水平。能源供应商需要尽可能精确地预测需求变化、系统过载和可能的故障。能源工业的误差成本很高。产生了全球30%的电力,正致力于整合人工智能,以促进其能源供应链。通用电气计划在人工智能和机器学习(ML)的帮助下改善其业务运作。

AI预测为人工智能在能源市场上的成功应用提供了另一个例子。这家初创公司提供实时警报和预测,可以帮助能源公司发现问题并尽快解决。

3. 资源管理

资源管理是继人工智能预测能源部门之后的下一步。通过智能AI预测机制,能源供应商能够更好地分配资源,提前为需求做好准备,预测任何问题,并尽可能节省资源。对于终端客户来说,人工智能的节能将导致更低的水电费用和定制服务。这是人工智能在能源市场上的一个显著优势。

2019年11月,Baker Hughes、C3.AI和微软宣布结成联盟,使客户更容易采用在微软Azure上运行的可扩展人工智能解决方案。运用这一方案,能源部门可以提高其效率和安全性,同时减少石油和天然气工业对环境的影响。

4.3.3 人工智能在能源应用上的主要挑战

1. 缺乏理论背景

人工智能在能源行业应用缓慢的一个原因是决策者缺乏关于人工智能技术的必要

知识。许多公司根本没有足够的技术背景来理解其业务如何能够从人工智能的应用中获益。保守的利益相关者更喜欢坚持使用经过时间验证的方法和工具,而不是冒险尝试新的东西。

随着越来越多的行业(如教育、金融、医疗和交通等)开始重视人工智能的潜力,能源领域的决策者们也将注意力转向了这项技术。

2. 过时的设施

过时的基础设施是能源部门现代化的最大绊脚石。目前,公用事业公司发现自己被埋在收集来的一堆数据中,不知道如何处理它们。虽然这个行业拥有比大多数行业更多的数据,但是这些数据往往是分布式的、杂乱无章的、以不同的格式分散的,并且只存储在本地。在获取巨额利润的同时,由于过时系统的漏洞,使业界也蒙受了巨大的损失。

3. 经济压力

在能源领域实施智能创新技术可能是最好的选择,但肯定不是最便宜的。寻找一个有经验的软件服务提供商,开发和定制软件,但是调整、管理和监控它需要大量的时间和资源。

在能源行业的企业能够从将人工智能、机器学习和深度学习融入其战略中获益之前,他们必须愿意拨出大量的预算,并承担改变其过时系统的风险。

4.3.4 高维数据挖掘算法

随着计算生物学和电子商务应用的快速增长,高维数据变得非常普遍。因此,挖掘高维数据是一个迫切需要解决的具有重要现实意义的问题。挖掘算法的基本过程和主要步骤如图4-4所示。然而,高维数据挖掘面临着一些独特的挑战。在本章中,我们将介绍几种用于分析高维数据的最新技术,例如频繁模式挖掘、聚类和分类。我们将讨论这些方法如何应对高维的挑战。

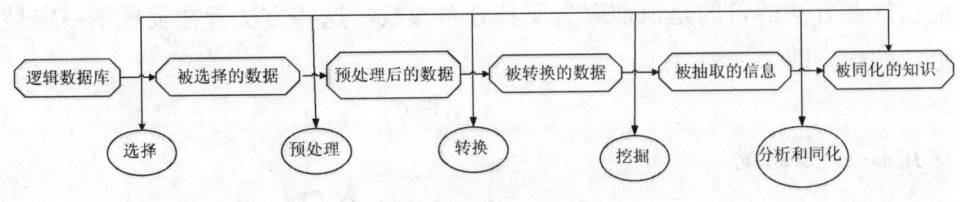

图4-4 挖掘算法的基本过程和主要步骤

在介绍任何构建单个数据挖掘模型的算法之前,我们首先讨论分析高维数据的两个常见挑战。第一个是维度灾难。许多现有数据挖掘算法的复杂性与维数成指数关系。随着维数的增加,这些算法很快变得难以计算,因此不适用于许多实际应用。第二个是高维空间中相似性度量的意义。高维空间中点之间相似性的特殊性减弱证明，对于高维空间中的任何点，到最近邻点的欧几里得距离与到最远点的欧几里得距离之间的预期差距随着维数的增加而缩小。这种现象可能会使许多数据挖掘任务（如聚类）变得无效和脆弱，因为模型容易受到噪声的影响。在本章的其余部分，我们将介绍几种用于挖掘高维数据集的最新算法。

1. 聚类

聚类和分类都是数据挖掘的基本任务。分类主要用作有监督学习方法，聚类用于无监督学习（一些聚类模型适用于两者）。聚类的目标是描述性的，分类的目标是预测性的。由于聚类的目标是发现一组新的类别，因此新的群体对自己感兴趣，并且他们的评估是内在的。

对象的聚类与人类描述人和对象的显著特征并用类型识别它们的需求一样古老。因此，它涵盖了各种科学学科：从数学和统计学到生物学和遗传学，每个学科使用不同的术语来描述使用这种分析形成的拓扑结构。从生物学的"分类学"，到医学的"综合征"和遗传学的"基因型"，再到制造业的"群体技术"，问题是相同的：形成实体的类别，并将个体分配到其中的适当群体。

在本节中，我们将介绍最著名的聚类算法。有许多聚类方法的主要原因是"聚类"的概念没有精确定义。因此，发展了许多聚类方法，每种方法都使用不同的归纳原理。Farley 和 Raftery（1998）建议将聚类方法分为两大类：层次方法和分区方法一。Han 和 Kamber（2001）建议将这些方法分为三大类：基于密度的方法、基于模型的聚类和基于网格的方法。Estivill Castro（2000）提出了一种基于各种聚类方法归纳原理的替代分类方法。

（1）基于密度的聚类方法。

基于密度的聚类方法假设属于每个簇的点来自特定的概率分布。假设数据的总体分布是几种分布的混合。

使用这些方法的目的是识别聚类及其分布参数。这些方法旨在发现不一定是凸的任意形状的簇，即

$$x_i, x_j \in C_k \tag{4-5}$$

这并不一定意味着

$$\alpha \cdot x_i + (1-\alpha) \cdot x_j \in C_k \tag{4-6}$$

只要邻域中的密度（对象或数据点的数量）超过某个阈值，就可以继续增长给定的簇。也就是说，给定半径的邻域必须至少包含最少数量的对象。当每个聚类都以局部模式或密度函数的最大值为特征时，这些方法被称为模式。

在这一领域中，许多工作都是基于以下基本假设，即成分密度是多元高斯（对于

数值数据）或多重标称（对于标称数据）。在这种情况下，可接受的解决方案是使用最大似然原理。

根据这一原则，应选择聚类结构和参数，以使此类聚类结构和参数生成数据的概率最大化。期望最大化算法EM是一种针对缺失数据问题的通用最大似然算法，已应用于参数估计问题。该算法从参数向量的初始估计开始，然后在两个步骤之间交替：一个"E步骤"，其中计算给定观测数据和当前参数估计的完整数据可能性的条件期望；一个"M步骤"，其中确定了使E-step的预期可能性最大化的参数。该算法收敛到观测数据似然的局部极大值。

K-means算法可视为退化EM算法，其中：

$$p(k/x) = \begin{cases} 1 & k = \arg\max\{\hat{p}(k/x)\} \\ 0 & \text{otherwise} \end{cases} \tag{4-7}$$

将实例分配给K-means中的集群可视为E-step；计算新的集群中心可以视为M-step。

DBSCAN算法（基于密度的含噪应用程序空间聚类）可以发现任意形状的聚类，对于大型空间数据库来说非常有效。该算法通过搜索数据库中每个对象的邻域来搜索聚类，并检查它是否包含超过最小数量的对象。

AUTOCLASS是一种广泛使用的算法。它涵盖了各种分布，包括高斯分布、伯努利分布、泊松分布和对数正态分布（Cheeseman和Stutz，1996）。其他著名的基于密度的方法包括：SNOB和MCLUST。

基于密度的聚类也可以使用非参数方法，例如在输入实例空间的多维直方图中搜索具有大量计数的箱子。

（2）基于模型的聚类方法。

这些方法试图优化给定数据和一些数学模型之间的拟合。与识别对象组的传统聚类不同，基于模型的聚类方法还可以找到每个组的特征描述，其中每个组表示一个概念或类。最常用的归纳方法是决策树和神经网络。

在决策树中，数据由层次树表示，其中每个叶引用一个概念，并包含该概念的概率描述。有几种算法生成分类树来表示未标记的数据。最著名的算法为COBWEB，该算法假设所有属性都是独立的（这一假设通常过于天真）。其目的是在给定集群的情况下，实现名义变量值的高可预测性。该算法不适合对大型数据库数据进行聚类。CLASSIT是针对连续值数据的COBWEB扩展，它与COBWEB算法存在类似的问题。

在神经网络中，这种类型的算法通过一个神经元或"原型"来表示每个簇。输入数据也由神经元表示，神经元与原型神经元相连，每个这样的连接都有一个权重，该权重是在学习过程中自适应学习的。

用于聚类的一种非常流行的神经算法是自组织映射（SOM），该算法构造了一个单层网络。学习过程以"赢家通吃"的方式进行：

①原型神经元竞争当前实例。获胜者是权重向量最接近当前实例的神经元。

②获胜者及其邻居通过调整权重来学习。

SOM算法已成功应用于矢量量化和语音识别。它对于在2D或3D空间中可视化高维数据非常有用。然而，它对权值向量的初始选择以及学习率和邻域半径等不同参数敏感。

（3）基于网格的聚类方法。

这些方法将空间划分为有限数量的单元。这些单元形成一个网格结构，在该结构上执行所有聚类操作。该方法的主要优点是处理速度快。

2. 分类

分类也是一种非常强大的数据分析工具。在分类问题中，对象的维度可以分为两种类型。一维记录对象的类类型，其余维度是属性。分类的目标是构建一个模型，该模型捕获类类型和属性之间的内在关联，以便从属性值准确预测（未知）类类型。为此，通常将数据分为训练集和测试集，其中训练集用于构建分类器，该分类器由测试集验证。有几种用于高维数据分类的模型，如naive Bayesian、神经网络、决策树、支持向量机、基于规则的分类器等。

支持向量机（SVM）是最新发展的分类模型之一。支持向量机在实践中的成功得益于其坚实的数学基础，它传递了以下两个显著的特性。①支持向量机的分类边界函数使边缘最大化，这相当于优化给定训练数据集的总体性能。②支持向量机利用核技巧将输入空间隐式转换为另一个高维特征空间，有效地处理非线性分类。然而，支持向量机存在两个问题。首先，训练SVM的复杂性至少为O（N2），其中N是训练数据集中的对象数。当训练数据集很大时，成本可能太高。其次，由于支持向量机本质上是在变换后的高维空间中绘制超平面，因此很难确定对分类最负责的主（原始）维度。

基于规则的分类器为解决上述两个问题提供了一些潜力。基于规则的分类器由以下形式的一组规则组成：$A_1[l_1,u_1] \cap A_2[l_2,u_2] \cap \cdots \cap A_m[l_m,u_m] \rightarrow C$，其中，$A_i[l_i,u_i]$是属性$A_i$值的范围，$C$是类型。上述规则可以解释为，如果一个对象的属性值落在左侧的范围内，那么它的类型很可能是C（概率很高）。每个规则还与描述此类规则保持概率的置信水平相关联。当一个对象满足多个规则时，可以使用置信度最高的规则（例如CBA）或所有有效规则的加权投票（例如CPAR）进行类别预测。然而，CBA和CPAR都不是针对高维数据的。提出了一种称为FARMER的算法来为高维数据集生成基于规则的分类器。它首先将属性量化为一组容器。每个箱子随后被视为一个项目。然后，FARMER使用类似于CARPENTER的方法生成闭合的频繁项集。这些闭合的频繁项集是生成规则的基础。由于维数很高，分类器中可能存在的规则数量可能非常大。FARMER最终将所有规则组织成紧凑的规则组。

3. 频繁模式

频繁模式是提取数据显著特征的有用模型。它最初是为分析市场篮子数据而提出的。市场篮子数据集通常表示为一组交易。每个事务包含有限词汇表中的一组项。原则上，我们可以将数据表示为一个矩阵，每一行表示一个事务，每一列表示一个项目。目标是找到出现在大量事务中的项集集合。这些项集由支持阈值t定义。大多数挖掘频繁模式的算法都利用如下所述的Apriori属性。如果一个项目集A是频繁的（即存在于t个以上的事务中），那么A的每个子集都必须是频繁的。相反，如果一个项目集A不经常出现（即出现在少于t个事务中），那么A的任何超集也不经常出现。此属性是所有级别搜索算法的基础。

一般程序由一系列迭代组成，从计算项目出现次数开始，识别频繁项目集（或等效的频繁项目集）。在随后的每次迭代中，使用Apriori属性从频繁$(k-1)$-项集中提出频繁k-项集的候选项。然后，通过显式计算其实际发生次数来验证这些候选项。k的值在下一次迭代开始之前递增。当无法生成更频繁的项集时，进程终止。我们通常将这种层次方法称为广度优先方法，因为它通过在项集之间施加子集-超集关系的偏序来计算位于相同深度的格中的项集。

众所周知，全套频繁模式包含大量冗余信息，因此频繁模式的数量往往过大。为了解决这个问题，Pasquier等（1999）提出挖掘频繁模式的选择性子集，称为闭合频繁模式。如果模式出现的次数与其所有直接子模式相同，则该模式被视为闭合模式。提出了壁橱算法来加速闭合频繁模式的挖掘。Closer使用一种新的频繁模式树（FP结构）作为紧凑的表示来组织数据集。它执行深度优先搜索，即在发现频繁项集a之后，在检查a的同级之前，它会搜索a的超级模式。

另外，还有一种挖掘频繁闭合模式的算法是CHARM，它以深度优先的方式搜索图案。CHARM和Closer的区别在于，CHARM以垂直格式存储数据集，其中为每个维度维护一个行ID列表。然后在"列枚举"过程中合并这些行ID列表，该过程为枚举树中的其他节点生成行ID列表。此外，还使用了一种被称为diffset的技术来减少行ID列表的长度以及合并它们的计算复杂性。

当维数从低到中等时，所有的算法都能找到频繁的闭合模式。当维数非常高（例如大于100）时，这些算法的效率可能会受到显著影响。因此，CARPENTER被提议解决这个问题。它首先转换表示数据集的矩阵。接下来，CARPENTER对转置矩阵执行深度优先枚举。结果表明，该算法可以大大减少计算时间，尤其是在维数较高的情况下。

4.4 面向业务链的时空大数据挖掘与分析技术

随着制造业与物联网、云计算等技术的融合发展，制造业已经进入了大数据时代。在这种环境下，企业希望通过准确合理的数据分析结果为后续发展提供可靠的依据。对于规模较大的企业来说，涉及"市场、供应链、研发、制造、销售、售后"等多个部门，企业结构复杂，更涉及众多上下游供应商。正是由于制造业企业的这种部门结构特点和数据特点，使企业内不同部门间的数据分析目标和数据分析技术的选择差异明显，并且跨部门、跨团队协作困难，因此就需要分析和挖掘面向业务链的时空大数据为企业上层决策提供更好的参考。

高效地处理和分析时空数据是大数据时代的技术焦点。此外，多源时空数据及相关领域创造了云中心、时空模型与数据库、时空数据分析方法、时空数据实时计算、时空数据安全系统、时空数据应用案例等众多时空数据衍生产品。这些衍生产品带来了良好的时空数据原生环境，可为各行各业提供时空数据实时连接、集成管理和高效计算的解决方案。每天从多个领域收集大量的时空数据，包括地理参考气候变量、流行病暴发、犯罪事件、社交媒体、交通和交通动态等。分析和挖掘这类数据对许多科学问题和实际应用的发展来说有着重要的作用。时空数据挖掘与分析专注于开发和应用新的计算技术来分析大型且十分复杂的时空数据库。例如通过社交媒体平台的用户生成数据的广泛可用性为了解人们对特定主题、产品或服务的需求、想法和情感提供了巨大的机会。时空数据挖掘提出了处理此类数据的新方法，通过先进的预测和描述性任务，如分类和聚类，以最佳的方法处理空间参考数据和时间参考数据。时空数据挖掘与分析包含发现有用的空间和时间关系或模式的技术。这些关系或模式没有显式地存储在时空数据集中。通常这些技术必须处理具有空间、时间和其他属性的复杂对象。空间维度和时间维度都增加了数据挖掘过程的复杂性。

图 4-5 显示了时空数据挖掘与分析的过程。给定输入的时空数据，第一步通常是对噪声、误差和缺失数据进行预处理，并进行探索性时空分析，以了解潜在的时空分布。然后，选择合适的时空数据挖掘算法对预处理后的数据进行运行，生成输出模式。常见的输出模式簇包括时空异常、关联和远程耦合、预测模型、划分和总结、热点以及变化模式。时空数据挖掘算法通常具有统计基础，并集成了可扩展的计算技术。输出模式后就进行后期处理，然后由领域科学家解释，以发现新的见解，并在需要时改进数据挖掘算法。

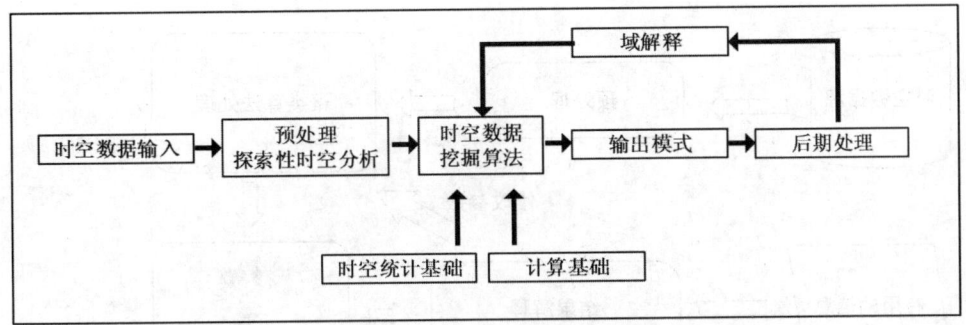

图 4-5 时空数据挖掘与分析的过程

由于时空大数据的复杂性和目标的多样性，时空大数据分析技术的一些主要任务为时空数据聚类、时空预测、时空变化、时空耦合和远程耦合、时空数据关系挖掘、时空热点检测。并且，时空信息在时空数据中的耦合也带来了一些新的问题、挑战和机遇。

4.4.1 时空数据聚类

地理和时间属性是商业、政府和科学中许多数据分析问题的关键方面。通过廉价传感器设备的可用性，我们已经见证了地理标记数据在过去几年的指数级增长。这导致了在短时间采样间隔内细粒度地理数据的可用性。聚类是一种在更高的抽象层次上分析地理、时间数据的方法，它根据数据的相似性将数据分组成有意义的聚类。虽然二维地理维度相对易于管理，但这与时间的结合会带来很多复杂的问题。因为它主要依赖于在距离度量中如何考虑时间维度的权重。例如，在跟踪行人时，在一分钟间隔内同时出现的两个地理位置相近的样本点可能属于同一簇，而在物理实验中，在几纳秒的时间间隔内距离近的两个样本点可能属于不同的簇。除此之外，在地图上呈现时间信息也非常具有挑战性。

时空数据聚类是根据对象的时空相似性对其进行分组的过程。由于各种基于位置或环境的设备的普及，实时记录一个或一组对象的位置、时间或环境属性，这是数据挖掘的一个相对较新的分支领域，尤其在地理信息科学中得到了广泛的欢迎。

1. 时空数据聚类的过程

在某些情况下，时空聚类方法与二维空间聚类并没有太大区别。图 4-6 显示了时空数据聚类的过程。对于原始时空数据，第一步是清理和重组。在应用适当的聚类算法之前，应识别并删除不正确和缺失的数据。但是，不同的参数会影响聚类结果。为了更好地理解聚类结果和解释潜在信息，有必要调整参数。

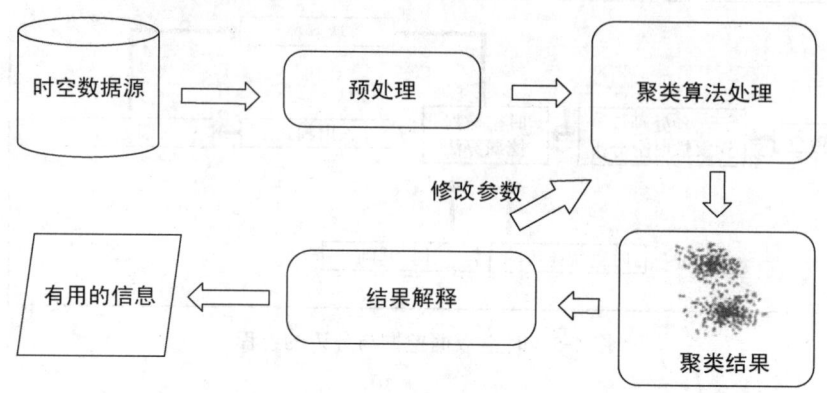

图 4-6 时空数据聚类的过程

2. 时空聚类算法的分类

如前所述，时空聚类是将时间维度引入空间数据的空间聚类的扩展。根据时空数据类型，可以将时空聚类算法分为六类：事件聚类、地理参考数据项聚类、地理参考时间序列聚类、移动聚类、轨迹聚类、基于语义的轨迹数据挖掘。四类对应事件、地理参考数据项、地理参考时间序列和移动对象，两类对应轨迹。

（1）事件聚类。事件聚类专注于发现在空间和时间上彼此接近的事件组，并可能共享其他非空间属性聚类。

（2）地理参考数据项聚类。地理参考数据项聚类发现在任何给定时间实例中在空间属性和非空间属性方面彼此相似的对象组，且其非空间属性不是恒定的。基于距离的聚类的基础是定义利用数据项之间相似性的距离函数。而基于密度的方法则是从噪声中区分出相关的数据项。这依靠每个对象周围的密度阈值。

（3）地理参考时间序列聚类。地理参考时间序列聚类基于对象之间的空间紧密性和相关时间序列相似性对对象进行分组。

（4）移动聚类。移动聚类的目的是检测移动对象的行为。在移动聚类问题中，虽然移动聚类的位置和内容可能会随时间变化，但移动集群的身份不会改变，例如，一些动物可能会进入或离开一群迁徙动物。在一段时间内通过区域移动的时空对象聚类。

（5）轨迹聚类。轨迹聚类是将特定时间段内相似轨迹进行分组的过程。例如，轨迹聚类的其中一种方法是划分分组框架，也就是将每个轨迹划分为一组线段，最后将相似的线段形成一个聚类并组成一组。在基于距离聚类的情况下，通过选择合适的聚类算法和距离函数，对时空数据进行轨迹聚类。聚类的形状取决于所选择的算法。

（6）基于语义的轨迹数据挖掘：在预处理步骤中将轨迹中包含特定领域的信息，应用数据挖掘算法从轨迹中提取重要位置、停止、移动等信息。在基于语义的轨迹数据挖掘中，轨迹在预处理步骤中包含特定于领域的信息，然后对轨迹应用数据挖掘算法。

4.4.2 时空预测

随着全球定位系统（GPS）和遥感技术的发展，从各个领域收集了大量的地理空间和时空数据，推动了对有效和高效预测方法的需求。给定一组位置上具有解释性特征和目标响应（分类或连续）的空间数据样本，问题的目的是学习一个基于解释性特征可以预测响应变量的模型。这一问题在地球科学、城市信息学、地理社会媒体分析和公共卫生等领域的广泛应用中非常重要。时空预测的基本目标就是使用一个具有代表性的训练集来学习从输入特征到输出变量的映射。由于时空数据的独特特征，包括空间和时间自相关、空间异质性、时间非平稳性、有限的地面真实性、多尺度和分辨率，在时空应用中会有各种预测学习问题公式，这是因为输入和输出变量都可以属于不同类型的时空数据实例。预测可以通过单个模型完成，如决策树（DT）、支持向量机（SVM）、集成、随机森林（RF）、深度学习、卷积神经网络（CNN）、递归神经网络（RNN）。其他任务如聚类，可以应用于提取特征进行预测。预测模型可以预测轨迹的下一个位置，从而做出更准确的决策，并提供更准确的建议。

1. 时空预测常见的方法

近年来，基于深度学习的模型已被应用于解决各种时空预测问题。时空预测的常见方法有三种：时空自回归、时空克里格、层次化动态时空模型。

（1）时空自回归（Spatiotemporal Autoregressive Regression，STAR）。在空间自回归模型中，误差项或因变量的空间依赖性直接在回归方程中建模。如果相关的值 y_i 与其他值相关，则回归方程可修改为 $y = \rho Wy + X\beta + \varepsilon$，其中 W 是邻域关系邻接矩阵，ρ 是一个参数，它通过二元因变量的 Logistic 函数反映因变量的元素之间的空间依赖性的强度。时空自回归（STAR）通过进一步明确地模拟不同位置变量的时空相关性来扩展 SAR（Spatioal Autoregressive Regression）。

（2）时空克里格（Spatiotemporal Kriging）。克里格是一种地质统计技术，基于已知的观测地点，在观测未知的地点进行预测。时空克里格是基于时空协方差矩阵和方差图的重要地质统计回归插值方法。简单地说，它可以根据其他位置的观测数据预测未观测位置的目标值，即使有噪声数据也不影响预测结果。空间相关性由空间协方差矩阵捕捉，空间协方差矩阵可以通过空间方差图估计。时空克里格利用时空协方差矩阵和方差图对空间克里格进行了推广。它可以用来对不完整的、有噪声的时空数据进行预测。但是，它在假设随机变量的同位素性质方面存在局限性

（3）层次化动态时空模型（Hierarchical Dynamic Spatiotemporal Models）。层次化

动态时空模型顾名思义，是指利用贝叶斯层次化框架对时空过程进行动态建模。最上面是一个数据模型，它表示（实际的或潜在的）对具有潜在变量的底层隐藏流程的观察结果的条件依赖性。中间是过程模型，它捕捉了与过程模型的时空相关性。底部是参数模型，它捕捉了模型参数的先验分布。层次化动态时空模型已广泛应用于气候科学和环境科学，例如用于模拟人口增长或大气和海洋过程。对于模型推理可以使用卡尔曼滤波，但是需要在线性模型和高斯模型的假设下。

2. 时空预测的应用

在一些应用领域，对发生在特定地理位置的事件的预测是非常重要的。需要进行地点预测的问题包括犯罪分析、蜂窝网络和自然灾害（如火灾、洪水、干旱、疾病、地震）、全球或区域气候变量未来趋势预测、房地产价格建模等。运动空间对象的位置和几何形状是随时间变化的动态属性，也是值不断变化的非空间属性。例如，移动旋风的位置和几何形状取决于时间、风速、方向和压力。大多数现有的预测模型大多是黑匣子，在许多决策应用程序（如医疗诊断）中，需要了解预测背后的推理。Ribeiro 等（2016）提出了 LIME（局部可解释模型不可知论解释），该方法通过在预测周围学习局部可解释模型来解释模型预测。图 4-7 显示了通过使用不同症状来预测患者是否患有流感来解释模型预测的过程。提出的算法倾向于识别哪些症状有助于模型预测。例如，打喷嚏和头痛会导致流感预测，而"不疲劳"则不相关。

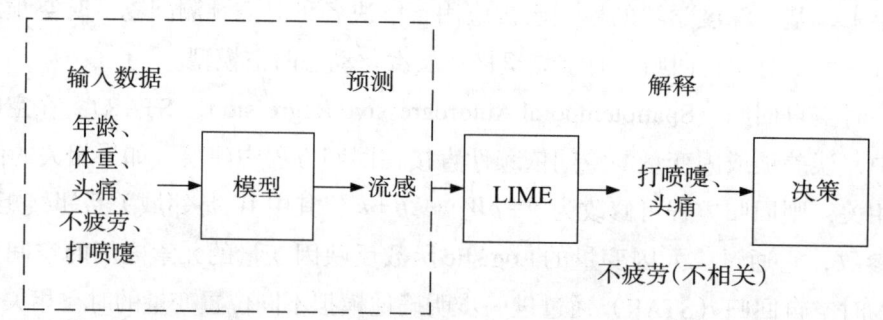

图 4-7　一个基于不同的症状的流感预测模型的例子

4.4.3　时空数据变化

时空数据变化的问题包括识别系统行为与过去行为发生重大偏差的时间点。变化检测已经在时间序列数据的背景下进行了广泛的研究，其目标是确定表现出同质特性的时间间隔（段）。不同类型的同质性（如平均数、方差、分布统计）已被用于识别时间序列片段及其变化。除了时间序列分割外，还探索了其他方法来确定时间序列的变化。例如转换状态空间模型的变分方法，另一类方法是周期或半周期数据的变化检测方法。在涉及栅格数据的时空数据的应用中，重要的是要考虑每个位置的时间序列的空间上下文，以识别空间和时间的变化。时间序列的上下文可以用多种方式来定义，例如，考虑在一段时间内与给定时间序列相似的一组时间序列，或在空间附近位置观测到的时间序列。

1. 时空数据中变化的主要方式

尽管在不同的应用中使用"变化"这一单一术语来命名时空变化足迹模式（Spatiotemporal Change Footprint Patterns），但其背后的现象可能存在显著差异。在时空数据中定义变化的主要方式有三种：统计参数的变化、实际V值的变化、与数据拟合的模型的变化。

（1）统计参数的变化。在这种情况下，假设数据遵循某个分布，该变化被定义为该统计分布的移动。例如，在统计质量控制中，传感器读数的平均值或方差的变化被用来检测故障。

（2）实际V值的变化。在这里，变化被建模为数据值与其空间或时间邻域之间的差异。例如，在一维连续函数中，变化的大小可以用导数函数来表征，而在二维表面上，则可以用梯度大小来表征。

（3）与数据拟合的模型的变化。当多个函数模型与数据拟合，且其中一个或多个模型出现变化（例如连续线性函数之间的不连续）时，就可以确定这种变化。

2. 时空数据变化常用的方法

Zhou（2014）中提出的时空变化足迹模式分类中将时空变化足迹分为两个维度：时间和空间。时间足迹分为四类：单快照、快照集、长序列中的点和长序列中的间隔。单快照指的是没有时间上下文的纯空间变化。一组快照表示同一空间场的两个或多个快照之间的变化，例如同一区域的卫星图像。空间足迹可以分为向量足迹和栅格足迹。向量足迹进一步分为四类：点、线、多边形和网络足迹模式。栅格足迹根据模式的规模进行分类，即局部模式、焦点模式或带状模式。这种分类描述了空间栅格场中给定现象变化操作的规模。局部模式是指在给定位置的更改仅依赖于该位置的属性的模式。焦点模式是一种模式，在这种模式中，位置的变化取决于该位置及其假定的邻近区域的属性。区域模式使用区域中位置值的聚合来定义更改。

（1）基于栅格的空间足迹的时空变化模式。基于栅格的空间足迹的时空变化模式包括快照之间的空间变化模式。在遥感技术中，探测卫星图像之间的变化可以帮助识别由于人类活动、自然灾害或气候变化造成的土地覆盖变化。

（2）基于矢量的空间足迹的时空变化模式。基于矢量的空间足迹的时空变化模式包括时空体积变化足迹模式。这种模式表示在一段时间内发生在一个空间区域（多边形）上的变化过程。例如，疾病的暴发事件可以定义为在某一特定时间窗口到当前时间内某一地区疾病报告的增加。已知具有时空体积足迹的变化模式包括时空扫描统计数据、空间扫描统计数据的泛化,以及新兴时空集群。

4.4.4 时空耦合和远程耦合

时空耦合模式代表了时空对象类型,其实例往往发生在近距离的地理和时间上。这些模式可以根据对象类型是否存在时间顺序进行分类:无序模式使用时空(混合驱动)共现,部分有序模式使用时空级联,完全有序模式使用时空序列模式。时空遥耦合是空间时间序列数据在较远距离上呈现显著正相关或负相关的模式。

1. 时空耦合和远程耦合常用的方法

目前时空耦合和远程耦合常用的方法有三种:混合驱动时空共现模式、时空序列模式、级联时空模式、空间时间序列与远程相关。

(1)混合驱动时空共现模式(Mixed Drove Spatiotemporal Co-occurrence Patterns,MDSCPs)。混合驱动时空共现模式代表两个或多个不同对象类型的子集,它们的实例往往位于空间和时间上的邻近。发现混合驱动时空共现模式对很多公共领域有很大的益处,但是,挖掘MDSCPs在计算上非常的昂贵,因为兴趣度量在计算上十分复杂,是因为历史档案导致数据集更加大,因此候选模式集的对象类型数量呈指数级增长。

(2)时空序列模式(Cascading Spatiotemporal Patterns)。时空序列模式是一个时空事件类型序列,其形式为 $f_1 \rightarrow f_2 \rightarrow f_3 \rightarrow \cdots \rightarrow f_k$。它表示从事件类型 f_1 到事件类型 f_2,再到事件类型 f_3,直到事件类型 f_k 的"连锁反应"。时空序列模式不同于并置模式,因为它具有事件类型的总顺序。时空序列模式的挖掘是一项具有挑战性的工作,它缺乏具有统计意义的测度,且计算成本高。

(3)级联时空模式(Cascading Spatiotemporal Patterns CSTPs)。部分有序的事件类型子集,其实例位于一起,并在阶段中发生,称为级联时空模式。在公共安全领域,酒吧关闭和足球比赛等事件被认为是犯罪的根源。CSTP的发现可在灾害规划、气候变化科学(例如,了解气候变化和全球变暖的影响)和公共卫生(例如,跟踪多种传染病的出现、传播和再次出现)方面发挥重要作用。

(4)空间时间序列与远程相关(Spatial time series and tele-connection)。远程相关发现是给定一组位于不同位置的空间时间序列,其目的是识别出相关性大于给定阈值的空间时间序列对。远程连接模式对于理解气候科学中的振荡非常重要。计算上的挑战来自时间序列的长度和大量的候选对和时间序列的长度。

2. 时空耦合和远程耦合的应用

在生态学、环境科学、公共安全、气候科学等领域,探索时空耦合和远程耦合的多种模式具有重要的应用价值。例如,从犯罪事件数据集中识别时空级联模式,可以帮助警察部门了解城市中的犯罪产生源，从而采取有效措施减少犯罪事件，并且发现混合驱动时空共现模式在战场和游戏中识别战术、理解捕食者、猎物之间的相互作用以及交通（道路和网络）规划方面具有潜在的价值。时空序列模式在一些应用中很重要，如流行病学，其中一些疾病的传播可能遵循几个物种之间的路径通过空间接触。

4.4.5 时空热点检测

给定一个研究区域内的一组空间对象（如活动位置），时空热点是在一定时间间隔内对象数量异常或意外高的区域。时空热点是一种特殊的聚集模式，其内部的聚集强度明显大于外部。由于热点的数量和特征（如物体的大小、形状、数量等）都是未知的，因此时空热点检测非常复杂。时空扫描统计用于从时空数据集中检测具有统计意义的热点。它使用圆柱体扫描时空以寻找候选热点，并进行假设检验。时空热点检测很有意义，例如在流行病学中，发现疾病热点使官员能够发现流行病并分配资源限制其传播。

1. 时空热点常见的方法

目前来说，时空热点常见的方法有两种：基于聚类的方法、基于时空扫描统计的方法。

（1）基于聚类的方法。聚类方法可用于识别候选区域，以进一步评估时空热点。这些方法包括全局划分、基于密度的聚类和分层聚类。它们可以作为预处理步骤来生成候选热点区域，并可以使用统计工具来检验统计意义。虽然许多聚类方法一般都是针对二维欧氏空间设计的，且多用于纯空间数据，但它们可以将数据的时间部分考虑为三维，用于识别时空候选热点。例如，有一种基于密度的聚类算法为DBSCAN（Density Based Spatial Clustering of Applications with Noise），这个算法将空间和时间数据聚类在一起，并使用数据的密度作为其度量。

（2）基于时空扫描统计的方法：时空热点检测可以看作是纯空间热点检测的一种特殊情况，它是将时间作为第三维度加入的。特别重要的两类时空热点："持续"时空热点和"新兴"时空热点。一个"持续的"时空热点被定义为随着时间的推移，观测数据的增长率一直很高的区域。因此，持久热点检测假设热点（即爆发）的风险随时间不变，它通过简单地将每个时间间隔内的观察次数加起来，在空间和时间上搜索热点。

2. 时空热点检测的应用

时空热点检测的应用领域从公共卫生到犯罪学。而且，时空数据热点检测还可以用于在诸如疾病暴发等应用中识别空间和时间上事件的密集聚集。时空数据热点检测还应用于公众情绪分析、公共安全、交通管理等各种应用。Zhu和Newsam提出了一种基于地理标签照片的舆情分析热点检测方法。提出的方法检测某一情感类别的新兴集中度。Mack 和 Kam 提出了政治暴力热点检测方法。所提出的方法试图解决不确定和难以预测的针对平民的暴力问题。利用 STDM 热点检测探索交通事故发生的潜在位置和时间。

4.4.6 时空数据异常检测

目前，无线传感器网络和电信系统数据的高可用性引起了研究人员对时空数据知识提取问题的关注。在现实世界的知识发现和数据挖掘与分析的应用中，检测与剩余时空数据集有很大差异或不一致的异常值是一个主要的挑战。异常检测的应用范围很广，如计算机网络中的欺诈检测、入侵检测、图像处理中的运动或异常区域检测等。异常值的存在使建模变得困难，因为异常值引入的数据不一致，从这个意义上说，异常检测任务之所以有吸引力，主要有两个原因：作为预防步骤，异常值的隔离可以提供更好的数据质量，从而提高预测建模的性能；相反，异常值的识别可以作为分析的主要目标（如欺诈检测）。

1. 时空数据异常检测常见的方法

目前，时空数据异常点检测常见的三种方法为：空间时间序列中的离群点、流量异常、异常运动物体轨迹。

（1）空间时间序列中的离群点。对于空间时间序列（点参考数据、栅格数据以及图数据），基本的空间离群点检测方法，如基于可视化的方法和基于邻域的方法，可以通过定义时空邻域进行推广。可视化方法在图上绘制空间位置，以识别空间异常点。常用的方法是变差函数云图和莫兰散点图。邻域方法定义了一个空间或时空领域，空间统计量计算为当前位置的非空间属性与邻域聚合属性的差值。空间邻域可以通过空间属性上的距离来识别，或通过图连通性（例如道路网络上的位置）。该研究已经通过多种方式进行了扩展，包括多个非空间属性、属性平均值和中值、加权空间离群值、分类空间离群值、局部空间离群值和快速检测。

（2）流量异常。给定一个空间网络流的多个空间位置的一组观测数据，流量异常发现的目的是识别明显不匹配的传感器读数的时间瞬间的比例超过给定的百分比阈值的主要时间间隔。图 4-8（a）是一个问题输入的简单例子，它包括两个相邻的位置［即上游（上）和下游（下）传感器］，10 个时间瞬间，以及位置之间的旅行时间（Travel Time）或流量的概念。输出包含两个流量异常，利用上游传感器上的时间瞬间，周期 1~3 和 6~9，其中大多数时间点显示出两者之间的显著差异［见图 4-8（b）］。流量异常发现可以被认为是检测节点之间的流定义的邻域内非时空属性的不连续性或不一致性，这种不连续性在一段时间内持续存在。

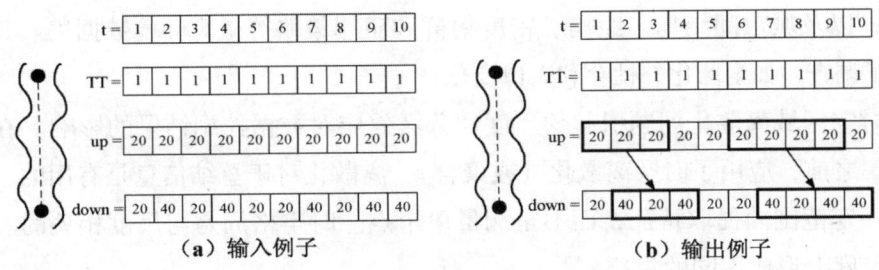

图4-8 流量异常例子

（3）异常运动物体轨迹。由于轨迹的高维性和动态性，从运动物体轨迹中检测出时空异常点具有挑战性。在这种情况下，异常被定义为在一定时间间隔内与正常轨迹有较大空间偏差的罕见模式。一种被称为Motion-Alert的监督方法也被提出用于检测大规模运动物体中的异常。该方法首先从运动目标轨迹中提取主题特征，然后对特征进行聚类，学习监督模型来区分运动轨迹是否为异常。

2. 时空数据异常检测算法的应用

检测时空异常值在交通、生态、国土安全、公共卫生、气候学和基于位置的服务等许多应用中都很有用。例如，时空异常值检测可以用于从高速公路网络上的传感器观测中检测异常交通模式。在探测时空数据异常方面，有两个工作领域是相关的。首先，已经开发了一些技术来识别时间序列数据中的异常，也称为不一致。这包括单变量时间序列的方法以及多元时间序列等。其次，检测空间数据异常的方法，也称为空间异常值。空间离群点是指其非空间属性与其相邻空间属性不同的点。检测空间异常点的技术在构建局部领域和分配异常分数的方法选择上有所不同。

异常检测的一个新的研究方向是多视图异常检测，即多视图学习任务。由于数据在不同视图之间的复杂分布，这项任务具有挑战性。它关注三种离群值类型，包括属性、类和类属性离群值。

4.4.7 时空数据挖掘与分析面临的挑战

在表示、处理、分析和挖掘时空数据方面的一般问题和挑战如下所述。

（1）复杂而隐式的时空对象关系。存在于一个区域或同一时间并具有相似特征的时空对象往往是相互关联的。发现对象之间的关系有助于完成不同的任务。然而，由于时空数据的复杂特性，从时空数据中发现有价值的关系比传统的数值和分类数据更具挑战性。

（2）需要跨学科的努力、集成各种异构数据集和多种数据挖掘分析算法。例如，时空犯罪数据分析需要社会经济学、社会心理学、文化和人口统计学等大规模宏观数据集分析，以及城市间结构、距离、密度集群和犯罪策略等微观环境数据集。其他因素也进行了调查，如全球化、社会和人口变化。

（3）时空区域离散化问题引起的尺度和分区效应对数据挖掘结果的影响。在分析时空数据集之前，应用了时空离散化（或聚合）。离散化对于总结信息是有用的，并且有助于在一定范围内提取特征，而不是测量单个点。时空格局是与尺度相关的。它们在不同的尺度上形成不同的集群。

（4）时空数据集的独特特性要求对数据挖掘技术进行重大修改，以开发嵌入在数据集中的丰富的时空关系和模式。

（5）邻近模式的属性可能对模式有重大影响，因此应予以考虑。例如，像飓风这样的时空事件会对交通拥堵格局产生影响。

（6）数据特性，如异构性和动态性。时空数据挖掘与分析使用不同粒度层次的空间、时间和非时空或专题数据。这一事实带来了各种具有挑战性的数据特征，包括特殊性、模糊性、动态性、社会性、网络化、异质性、隐私性和质量差。

（7）需要开发有效的时空知识可视化技术和交互工具，以获得知识所代表的潜在现象的见解。这就要求将时空数据挖掘的结果嵌入解释结果的过程中，以便进一步结构化地调查结果背后的原因。

4.4.8　时空数据分析的工具

现有的空间和时间数据分析工具，包括地理信息系统（GIS）软件、空间和时间统计工具、空间数据库管理系统以及空间大数据平台。

（1）GIS软件：ArcGIS是目前应用最广泛的用于处理地图和地理信息的商业GIS软件。它有一个名为跟踪分析师的扩展，以支持时空数据的可视化和分析。QGIS（原名Quantum GIS）是一款非常流行的开源GIS软件。

（2）空间统计工具：R提供了许多用于空间和时空统计分析的软件包，如spatstat用于点模式分析，gstat和geoR用于Geostatistics，spdep用于区域数据分析。Matlab还提供Mapping Toolbox等空间统计工具箱。SAS最近提供了对空间统计的支持，如KRIGE2D Procedure for Kriging、SIM2D高斯随机场程序、SPP程序的空间点模式、变异函数程序。

（3）空间数据库管理系统（Spatial Database Management Systems）：许多商业数据库提供了支持空间数据的扩展，如Oracle Spatial和DB2 Spatial Extender。PostGIS是一种应用广泛的开源空间数据库管理系统，它是对对象关系数据库管理系统Postgres的扩展。

（4）空间大数据平台：车辆GPS轨迹、手机定位数据、遥感影像等即将到来的空间大数据，已经超出了传统空间DBMS的能力，需要新的平台支持可扩展的空间分析。目前的空间大数据平台包括基于Hadoop的ESRI GIS、Hadoop GIS和Spatial Hadoop。

4.5 本章小结

在本章中，介绍了面向多业务链时空大数据的多视角认知与分析挖掘方法。第一节对时空大数据的概念、类型和应用进行了描述。第二节对传统特征提取技术和高维特征提取技术进行分析，由分析过程我们知道高维特征提取技术对高维稀疏数据处理具有一定的优势。第三节对人工智能在能源领域的优势、主要用途、挑战和高维数据挖掘算法进行了分析。第四节介绍了面向业务链的时空大数据挖掘与分析技术，对时空大数据挖掘与分析的过程做了简单介绍，并对时空大数据挖掘与分析技术的一些主要任务：时空数据聚类、时空预测、时空数据变化、时空耦合和远程耦合、时空热点检测、时空数据异常挖掘分别进行了细致的阐述，最后，介绍了时空数据挖掘与分析研究面临的挑战和时空数据分析的几种工具。

第5章
基于端–边–云全场景的 AI 模型自动协同技术

互联网的前二十年是互联网消费的世界。在此期间，云计算从最初的新兴概念逐渐成为一种成熟的应用，并在不可阻挡的推动下迅速发展。当历史之轮进入20世纪20年代时，消费互联网已经饱和，工业互联网成为未来20年的焦点，许多公司将"云"作为转型的起点。这不仅关系到计算的集中，还关系到技术资源的集中。在各行各业实施人工智能、大数据、物联网和其他技术需要云计算。然而，面对海量数据计算、新兴计算场景、小数据实时处理等方面的挑战，云计算存在一些发展瓶颈，需要新技术的进步。

5.1 边缘计算与端–边–云协同

随着物联网时代的到来，对计算的需求不断增加。传统的云计算架构无法满足这种海量数据计算的爆炸性需求，将云计算能力下沉到边缘和设备，通过中心实现统一交付、运维和控制将是一个重要的发展趋势。在这种背景下，边缘计算应运而生。其与终端设备和中央云的协作处理能力为现有问题提供了解决方案。

5.1.1 边缘计算概述

边缘计算的出现是为了解决传统云计算存在的高延迟、网络不稳定、宽带低等问题。由于资源限制，云计算服务将受到这些问题的影响。但是，如果将部分或所有处理程序迁移到靠近用户或数据收集点的位置，则可以大大减少对云中心模式站点下应用程序的影响。由此，我们可以理解边缘计算的最初概念：边缘计算是为网络边缘的应用程序开发人员和服务提供商提供云服务和环境服务；目标是在靠近数据输入或用户的地方提供计算、存储和网络带宽。

随着边缘计算技术的不断发展，业界逐渐关注边缘计算的落地形式和技术能力的发展方向。从此，边缘计算进入了2.0时代。边缘计算产业联盟（ECC）将边缘计算2.0定义为：边缘计算的商业本质是云计算在数据中心外部汇聚节点的延伸和演进，主要包括云边缘、边缘云和边缘网关；将"边云协作"和"边缘智能"作为能力发展的中心方向；软件平台需要考虑导入云概念、云架构和云技术，以提供端到端实时协作智能、可靠性、动态重新定义等功能；硬件平台需要考虑异构计算能力，如ARM、X86、GPU、NPU、FPGA等。

在上述定义中，云边缘是指计算云边形状的边。它的核心仍然是中央云的一部分。它是边缘端中央云服务的延伸，其处理能力主要依赖中央云服务器。边缘云，也称Edge cloud computing，是基于边缘基础设施的云计算平台。中央云服务主要负责管理和调度边缘云计算。这样，核心云和物联网终端可以通过边缘云形成端-边-云三体的协同技术架构，从而降低云压力、宽带成本、响应延迟等诸多服务。边缘计算以边缘网关的形式，利用云技术和能力对原有的嵌入式网关系统进行重构，并在边缘端提供协议/接口转换、边缘计算等功能。边缘计算框架如图5-1所示。

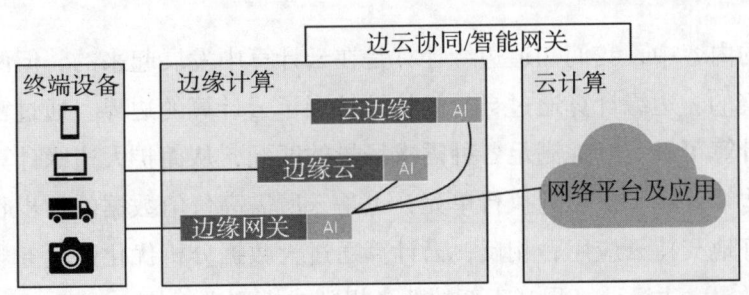

图5-1 边缘计算框架

5.1.2 边缘计算的优势

在云计算时代，数据的集中导致了计算的集中，海量用户的数据集中在少数云计算服务器上，使得计算随之迁移到云计算中心。但是随着工业互联网应用的深入，以及越来越多的人、设备和系统接入，需要对海量的工业设备和系统数据的采集、汇聚、传输和计算分析，产生了无处不在的计算需求，使网络贷款逐渐成为服务瓶颈，为计算过程带来了不必要的延迟开销。前端智能设备涌现的各类超低延迟服务，由于云计算的广域网传输延迟而无法被满足；不仅如此，所有数据汇聚到少数的云计算中心，在增加网络的流量承载压力的同时，也造成了大量的能源浪费。

一方面，大量的物联网设备产生的巨大的计算需求量无法被满足；另一方面，网络传输延迟也使计算服务的质量达不到要求。这两方面的需求，使计算从中心云端下沉到网络边缘成为必然。通过边缘计算的概念我们可以了解到，它可以显著降低数据传输的延迟，同时通过将海量物联网设备收集的数据进行分散处理，可以有效地缓解云计算中心的计算压力。

边缘计算的优势总体体现在以下三个方面。

（1）在 IT 和 OT 之间提供跨网络连接。边缘网关为现场设备提供多种接口和协议，可以解决现场设备信息网络以及工业设备与其网络设备之间的互通，增强平台的数据录入能力，实现不同来源海量数据的集成和融合，如传感器控制系统和管理软件。

（2）边缘计算和云计算之间的协作使设备端业务数据能够跨边缘实时处理。数据无须上传到云端，大大节省了数据传输延迟和网络带宽消耗，提高了确定性业务保障和实时数据安全性。

（3）在网络边缘的智能分布式架构和平台中，边缘计算通过知识模型驱动智能能力，建立统一的服务结构，实现系统运维人员、决策者、开发者等多功能。

5.1.3　端–边–云协同概述

在上面的内容中，我们知道边缘计算是在云计算中发展起来的，但两者之间的关系并不是冲突的。边缘计算通过自身的特性扩展了云计算的边界。通过密切合作，边缘计算和云计算可以更好地满足各种需求场景的匹配，从而扩大边缘计算和云计算自身的价值。边缘计算不仅靠近执行单元，也是云所需高价值数据的初步收集和处理单元，可以更好地支持云应用；相反，云计算通过大数据分析优化的业务规则或模型可以分发到边缘端，边缘计算是基于新的业务规则或模型进行的。

在端–边–云协同的概念中，端指的是收集数据的物理设备，边指的是靠近数据源头的边缘计算节点，通过这些边缘计算节点与中央云的合作，实现对物理世界的数字建模、认知和决策，然后决策结果通过边缘以应用交互的形式反馈给物理世界，以实现整个业务流程的封闭和连续循环的迭代演化。

端边云协作网络是一个以云为中心但又层层延伸的网络。在云边协作的基础上，端边云协作将管理终端设备的服务作为边缘上的负载，使中心云通过控制边缘来管理端，从而实现端边云协作。边云协作的能力和内涵涉及 IaaS、PaaS 和 SaaS 级别的综合协作。EC-IAAs 和云 IaaS 应该能够在网络、虚拟化资源、安全等方面实现资源协同、应用管理协同；EC-PAAS 和云 PAAS 应能够实现数据协同、智能协同、应用管理协同和业务管理协同；EC-SaaS 和云 SaaS 应实现服务协同，如图 5-2 所示。

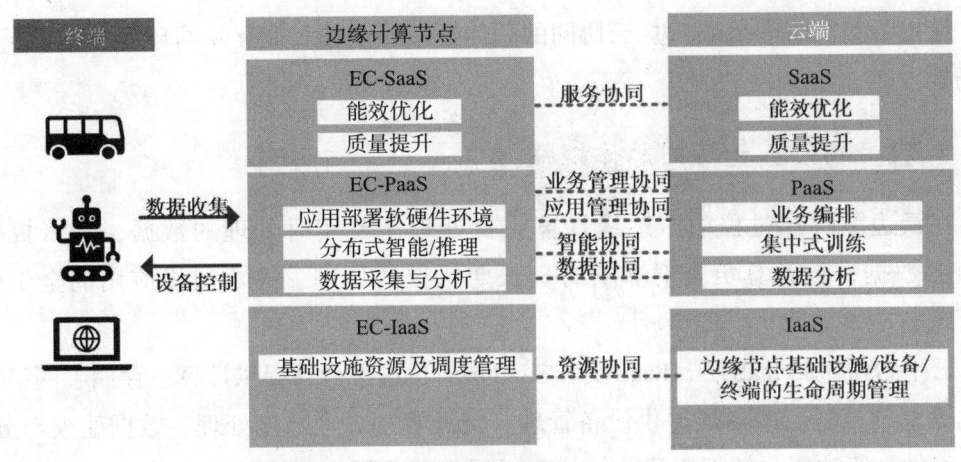

图 5-2　边云协同总体能力与内涵

资源协同：边缘节点提供计算、存储、网络、虚拟化等基础设施资源，并具有本地资源调度和管理能力；同时，它们可以与云协作，接受并实施云资源调度和管理策略，包括边缘节点的设备管理、资源管理和网络连接管理。

应用管理协同：边缘节点提供应用部署和运行环境，管理和调度节点中多个应用的生命周期；云主要提供应用程序开发、测试环境和应用程序生命周期管理功能。

数据协同：边缘节点主要负责采集现场/终端数据，根据规则或数据模型对数据进行初步处理和分析，并将处理结果及相关数据上传到云端；云提供海量数据的存储、分析和价值挖掘。边缘与云的数据协同支持边缘与云之间可控有序的数据流，形成完整的数据流路径，高效、低成本地进行数据生命周期管理和价值挖掘。

服务协同：边缘节点根据云策略实施一些 EC-SaaS 服务，通过 EC-SaaS 云 SaaS 的协作，实现面向客户的按需 SaaS 服务；云主要提供 SaaS 服务在云和边缘节点的服务分布策略，以及云承担的 SaaS 服务能力。

业务管理协同：边缘节点提供模块化和微服务应用/数字双胞胎/网络等应用实例；云主要提供根据客户需求实现应用/数字孪生/网络的业务安排能力。

智能协同：边缘节点根据 AI 模型进行推理，实现分布式智能；云对人工智能进行集中模型训练，并将模型分发给边缘节点。

并非所有场景都涉及上述边缘云协作功能。结合具体使用场景，边缘云协作的能力和内涵会有所不同。同时，即使相同的协作能力与不同的场景相结合，也会有所不同。

5.2 端-边-云协同总体框架及应用场景

在本节我们将介绍端-边-云协同的总体框架，及在工业互联网环境中其主要的应用场景。

5.2.1 端-边-云协同总体框架

在云边缘协作过程中，边缘计算主要处理需要实时处理的数据，为云提供高价值的数据；云计算负责对非实时、长期数据的处理，完成边缘应用的全生命周期管理。

云平台层包括IaaS层、PaaS层和SaaS层。IaaS平台层提供计算、存储、网络和虚拟化等基础设施。PaaS层提供设备管理、资源管理、大数据处理、数据建模与分析、服务组件、算法库、知识库等功能。SaaS层为行业用户和特定场景提供在线测试、操作优化和智能服务。其中，设备管理是PaaS层的重要组成部分，包括设备访问管理、设备配置管理、设备数据采集管理、设备数据存储管理、设备状态管理、设备部署管理、设备资源管理和边缘智能网关管理。这些设备管理子模块为PaaS层的大数据处理提供基础数据源，并为数据建模和分析提供基础设备模型。同时，设备管理模块向外界提供开放的API，包括用于识别的下游API以及用于设备数据传输和事件处理。使用基于API的开放环境，用户可以快速实现不同工业应用的开发，并将其部署到平台上。

边缘层是云边缘协作中边缘计算的具体技术实现层，包括边缘实时操作系统（ERTOS）、虚拟化（Docker、unikernel等）、定时数据存储、边缘设备管理、边缘数据处理、集群协作等。其中，边缘设备管理包括设备访问管理、设备数据管理、设备配置管理、设备协议管理等。边缘层通过协议转换、数据服务和边缘应用以及安全防护来构建边缘能力，实现设备数据采集、数据预处理和实时分析响应，可以在云平台和工业设备之间建立安全可靠的连接。

云平台层和边缘层的设备管理是互补关系，是云边缘之间数据协作、智能协作、应用管理协作、业务管理协作和服务协作的基础。边缘层设备管理服务具有本地设备管理功能。它可以接受并执行云资源调度管理策略。云平台对边缘端设备进行全面管理，感知系统整体情况，生成合理的设备管理策略。边云协同总体框架如图5-3所示。

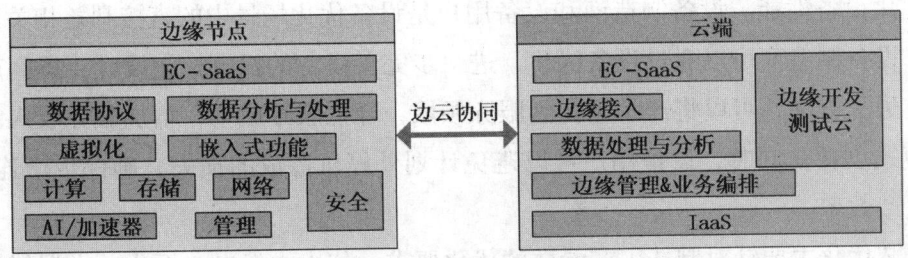

图 5-3 边云协同总体框架

边端协同指在边缘节点上运行的管理程序，负责管理在边缘节点上应用负载的资源、运行状态和故障等。同时在边缘节点上的终端管理平台实现了对多种物联网设备的管理，通过边缘节点就可以利用自身的资源来过滤、存储和挖掘物联网终端设备的数据，也可以通过终端管理平台来向终端设备下达指令实现控制。

将边云协同和边端协同进行有效结合，中心云就可以通过控制边缘节点来管理终端设备，当终端需要及时处理数据时，靠近端的边缘计算节点就可以直接对数据进行处理，对于长周期或者大范围数据的处理就可以通过中心云来进行处理，这样就可以有效地提高在工业互联网中数据的处理速度，降低网络带宽的需求。

5.2.2 端-边-云协同技术的主要应用场景

近年来，在国家供给侧结构性改革政策的推动下，工业部门的需求持续复苏。然而，不断增长的材料质量需求、不断上涨的劳动力成本和不断上涨的上游材料成本迫使工业公司走向智能化。随着新一代信息技术与工业系统的全面深入融合，工业互联网已成为工业企业实现智能化转型的关键集成信息基础设施。

在工业边云协作领域，自动化制造商是主要参与者。依托传统的内部优势，结合工业云平台，为客户提供边缘云集成解决方案，支持自动化制造商商业模式和商业模式创新（如量产到柔性生产，产品价值到行业+服务价值），并在工业数字化过程中获得更多的工业价值。此外，ICT制造商也在增加投资，从ICT基础设施层面支持自动化制造商的数字能力，以扩大业务覆盖范围。工业侧边协同主要包括三个子场景：设备优化子场景、工艺优化子场景和工厂全价值优化子场景。这三个子场景贯穿工业生产单元的整个工作流程，最终帮助工厂实现数字化转型，支持"更多、更快、更好、更经济"的生产模式：多品种、灵活的小批量生产、快速交货、质量提升、降低能耗等。

设备优化是设备生命周期中的关键应用场景，主要包括设备状态优化和设备性能优化。通过状态监测和预测性维护，保持设备健康，避免计划外停机；后者对现场运行的大量类似设备的性能进行监测和比较，发现制约设备性能的瓶颈，制定改进措施，优化设备性能。设备制造商和设备用户是设备优化场景中的直接利益相关者。一方面，设备制造商可以通过设备优化，进一步完善设备的机电控制设计，提高产品竞争力；另一方面，可以将产品延伸到服务领域，降低服务成本，增加服务收入，实现商业模式创新；同时，设备用户可以避免计划外停机造成的损失，确保生产连续性，提高生产效率。

工艺优化主要针对制造工艺参数的优化要求，如火力发电、石化、水泥等生产过程中的部分或全部工艺段，以及医药包装盒一体化生产线等离散制造场景。虽然两类生产现场应用的OT系统差异很大，但它们都是典型的边缘侧工业场景，对生产现场的流程优化有着强烈的需求。通过边缘云协同流程中的参数优化，客户可以提高生产效率，提高产品质量，降低能耗。

借助开放平台，智能工厂实现了与上下游资源需求的完美对接，开放了工厂价值链的所有环节，包括采购、生产、仓储、物流、服务等，彻底打破了目前业务相对独立的局面，各环节数据分散、利用率低，冷静应对实现零库存、快速产品交付、大规模定制等目标的严峻挑战。对于大公司来说，这种情景能力可以更好地促进其生态链的优化，因为它涉及更多的上下游生态链和多个工厂之间的协调；对于中小企业来说，这种情景能力可以帮助它们快速建立上下游生态能力，并融入大型企业的生态链。

5.3 端-边-云协同关键技术

纵观整个协同技术体系框架，其覆盖了很大的技术领域，包括从硬件到软件，从底层设备到上层的数据与智能的协同方向，等等。在本节我们将对端-边-云协同的几个关键技术的发展态势进行阐述。

5.3.1 全局管理平台关键技术

随着分布式云时代的到来，边缘计算节点的数量迅速增加，分散的边缘计算资源管理、边缘计算节点的严重异构、边缘应用的统一运行管理成为计算资源分布式发展的主要挑战。为了实现端-边-云协同管理，边缘节点对设备的管理也是必不可少的，中心云通过对边缘节点的管理就可以对终端设备进行相关部署。所以在云上构建云边协同全局管理平台，对边界计算节点进行统一管理，从资源、数据、服务、应用、安全、运营等方面实现云与边界计算节点之间的协同，是分布式云模型中计算资源分布式发展的基础，如图5-4所示。

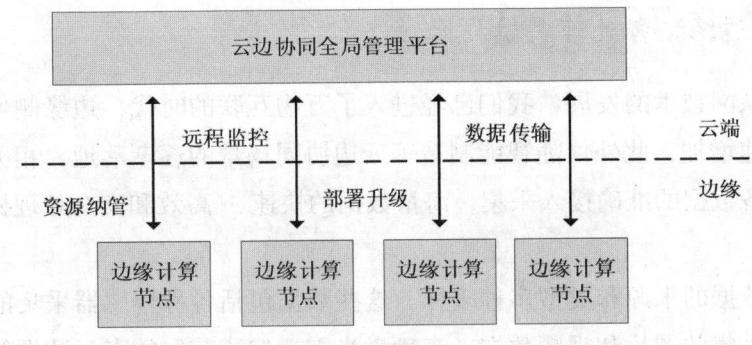

图5-4 云边协同全局管理平台框架

随着端-边-云协同应用场景的不断丰富，所处理的场景内容也越来越复杂，要求端-边-云协同的全局管理能够快速响应，为了获得最优的业务体验，全局智能协同管理将会是未来端-边-云协同管理的演进方向。利用容器、微服务等技术快速部署和升级应用，并对边缘节点上的应用进行管理和运行维护；通过云端和边缘节点协同训练和推理的模式来实现端-边-云的AI处理，来保证业务长期稳定的运行；同时增强边缘节点计算机制和可靠性机制，保证数据处理的及时性和数据传输的安全性。

5.3.2 边缘容器关键技术

端-边-云协同在工业互联网的主要应用场景中，往往会面临海量设备接入、边缘资源受限、资源严重异构、网络通信质量不稳定、统一运维管理复杂、安全风险控制难度高等主要挑战。边缘容器技术为上述问题提供了解决方案，容器技术相较于传统部署模式具有轻量化、部署简单、规范统一、多环境兼容、快速启动、易扩容、易迁移等显著特点。

Kubernetes作为目前主流的容器编排调度解决方案，在云端环境下已经得到了广泛验证，权威性毋庸置疑。然而，Kubernetes原意是针对集中式资源场景而设计，直接照搬到资源受限、环境不稳定的边缘侧明显行不通。

Kubernetes虽然是当前主流的容器编排调度解决方案，但是在资源受限、环境不稳定的边缘侧直接使用这个方案很明显是不可行的，因为Kubernetes是针对集中式资源场景而设计的。随着技术的持续升级和发展，边缘容器技术也将有全新的升级发展。中心云的原生能力不断从云端向边缘侧下沉，边缘容器将进一步与Serverless等技术相结合，根据在不同场景中的应用在边缘侧为用户提供"边缘容器+Serverless"的融合服务。同时将高性能物理设备的计算能力和边缘容器的管控调度能力有机结合，可以提供更加高效的边缘计算服务。通过边缘容器承载人工智能、区块链等技术，也将进一步催生全新的应用模式。

5.3.3 边缘数据处理关键技术

随着物联网技术的发展，我们已经进入了万物互联的时代，边缘侧生成的数据量每天都在飞速增加，此外伴随智能制造等云边协同场景的逐渐落地，相关业务和应用对于异构设备数据的准确接入采集，海量数据的快速、高效和安全处理提出了更多的需求。

边缘侧数据的来源和类型多种多样。这些数据包括各种传感器采集的时间序列数据、摄像机采集的图片和视频数据、车辆激光雷达扫描获取的点云数据等。以上数据大多具有时空属性。显然，构建边缘时间序列数据的处理、分析、存储和管理平台至关重要。时序数据库 TSDB（Time Series Database）支持时序数据的快速写入和持久化，可以有效解决边缘计算场景下海量时序数据写入、读取和存储成本等问题和挑战，是打通 IT 与 OT 领域数据链路、开展异构时序数据边缘侧处理分析的重要支撑。

所谓流数据，是指一组连续的、大量的、快速的、连续的数据序列。通常，流数据可以看作是随时间无限增长的动态数据集。物联网场景中的边缘计算很大一部分是指对边缘侧的流数据进行处理。边缘端流数据的快速采集、清洗、处理和处理能够快速响应物联网设备产生的事件和不断变化的边缘业务需求，帮助用户实时了解终端系统设备状态，快速响应异常情况。

基于 OPC UA 协议设计了边缘控制器、边缘网关等设备，可将各种现场设备和设备采用的私有通信协议转换为标准化的 OPC UA 协议，实现异构设备的访问和数据采集；通过轻量级计算框架和相关算法，在边缘侧进行数据清洗、格式转换等预处理操作，有效地从边缘侧产生的海量数据中剔除冗余数据，减少上传至云端的数据规模，降低云平台负载和传输带宽压力。

边缘设备时刻都在产生海量的数据。随着数据量越来越大、数据种类越来越丰富，传统的"数据采集-数据预处理-数据分析"三板斧已经无法满足各类应用场景对边缘数据处理在准确性、安全性、及时性等方面越来越严苛的要求。融合机器学习、深度学习技术的"云端训练+边缘推理"智能边缘数据分析是大势所趋：边缘侧采集海量数据后，在本地进行清洗预处理后上传至云端，借助云端强大的算力进行 AI 模型训练；云端在完成训练后将模型下发至边缘侧用于本地智能推理决策，提升边缘侧数据分析处理的准确性和效率，保障训练数据集的精准采集和数据预处理质量，从而形成良性循环，进一步提升数据应用效果。

5.3.4 边缘智能关键技术

受益于算法、算力和数据集等方面的发展，人工智能技术得到了突飞猛进的发展，在安防、交通、工业、农业等各行业得到广泛应用。随着5G、物联网时代的到来，为借助边缘侧数据采集便利、实时处理计算等特点，人工智能技术逐步从中心云向边缘下沉，通过将模型在边缘和云端进行协同推理和训练，解决人工智能落地"最后一公里"问题，边缘智能应运而生，得到了学术界和产业界的高度关注。

目前，边缘智能主要技术涉及协同推理、增量学习、联邦学习、模型分割与裁剪、安全隐私保护等，其服务模型如图5-5所示。

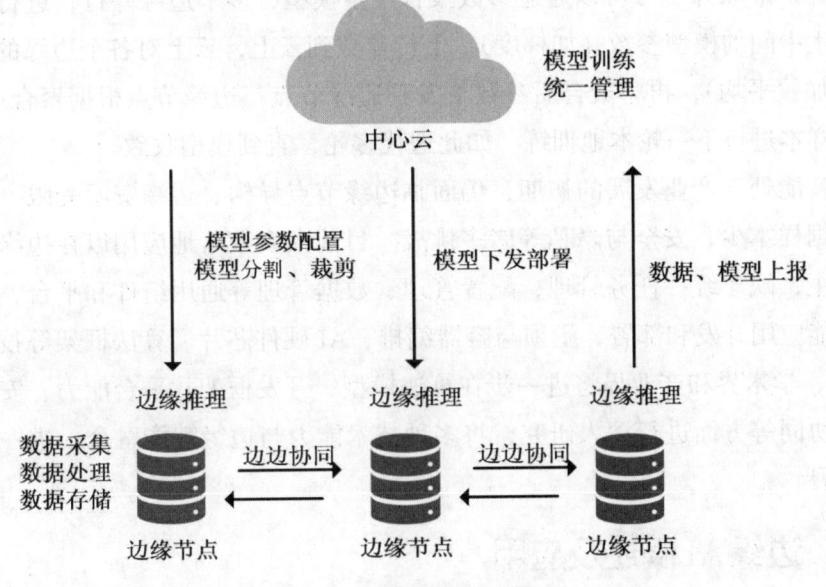

图5-5 边缘智能服务模型

在边缘资源受限条件下，中心云与边缘节点可以通过协同推理提升整体推理性能。协同推理能力支持在边缘节点部署浅层模型，在中心云部署深层模型，推理请求首先由边缘节点的浅层模型处理，如果处理置信度较高，则直接返回推理结果，否则发送到边缘节点管理平台由深层模型处理。

切割训练模型是边缘服务器与终端设备之间的一种协同训练方法。其核心思想是将计算量较大的任务卸载到边缘服务器进行计算，计算量较小的任务则留在终端设备中进行计算。该方法可以有效地减少深度学习模型的推理延迟。然而，该技术的挑战在于，不同的模型分割点将导致不同的计算时间。为了最大限度地发挥终端和边缘协调的优势，有必要选择最佳的模型分割点。为了减少对边缘模型训练和推理的计算、存储等能力的需求，裁剪训练模型已成为一个新的技术热点。模型裁剪在不影响精度要求的情况下丢弃不必要的数据、稀疏的代价函数等，并尽可能压缩和裁剪边缘侧的训练和推理模型，以减轻边缘侧资源紧张的压力。

AI模型训练的样本主要来自边缘侧的数据采集，中心云与边缘节点相互配合，通过增量学习可以提高模型准确度。在边缘节点部署模型运行推理后，自动识别推理结果置信度低的样本，发送到中心云，由人工或其他系统辅助标注样本，再重新增量训练模型。经过增量训练的模型如果比原模型在准确度方面有显著提升，可以部署到边缘节点更新原模型。

在边缘侧，尤其是企业用户的生产现场，对数据安全与保密的要求往往很高。通过联邦学习可以利用这些数据进行模型训练，同时又保证原始数据不出边缘，实现数据安全的保护。联邦学习可以通过参数聚合产生模型，多个边缘并行，进行一轮本地训练，产生中间的模型参数（如梯度），上传参数到云上，云上对各个边缘的参数进行聚合（如加权平均），再将聚合后参数下发到边缘节点，边缘节点根据聚合后的参数，结合本地样本进行下一轮本地训练。如此迭代多轮，直到模型收敛。

边缘智能处于产业发展的初期，仍面临边缘节点异构、边缘资源受限、边缘数据异构、数据样本少、安全与隐私等诸多挑战。目前大多数落地应用以在边缘侧部署智能应用为主，缺乏统一任务管理、配置管理、数据管理等通用组件和平台，阻碍大规模边缘智能应用开发和部署，亟须与容器编排、AI硬件芯片、算法框架等技术融合发展。未来，学术界和产业界将进一步在算法模型、开发框架、平台能力、安全隐私保护、云边协同等方面进行深入研究，将多种技术能力与边缘智能融合，进一步推动产业落地发展。

5.4　边缘AI概述及应用

目前边缘计算智能化正处在发展过程中，但是可预测的是将AI应用部署于边缘侧可以有效提升边-云协同的智能服务。

5.4.1　边缘AI概述

边缘AI可以直接在连接的边缘设备上行机器学习任务，边缘AI的主要优点有以下几点。

减少数据传输量：数据由边缘设备处理，只有较少的处理数据被发送到云端。通过减少小基站与核心网之间的流量，可以增加连接的带宽用来防止瓶颈，减少核心网中的流量。

实时计算速度：实时处理是边缘计算的基本优势。边缘设备对数据源的物理邻近性使得实现更低的延迟成为可能，从而提高实时数据处理性能。它支持延迟敏感的应用和服务，如远程手术、触觉互联网、无人驾驶车辆和车辆事故预防。边缘服务器可以实时提供多种服务，包括决策支持、决策和数据分析。

隐私和安全：由于通过网络传输敏感的用户数据使其容易受到盗窃和失真的影

响，因此在边缘运行AI可以保持数据的私密性。边缘计算能够保证私有数据永远不会离开本地设备。

高可用性：分散化和离线功能通过在网络故障或网络攻击期间提供瞬态服务，使边缘AI更加强大。因此，将AI任务部署到边缘可确保任务关键型或生产级AI应用程序（设备上AI）所需的显著更高的可用性和整体稳健性。

成本优势：将AI处理移动到边缘是高性价比的，因为只有经过处理，高价值的数据才会发送到云端。虽然发送和存储大量数据仍然非常昂贵，但边缘的小设备在计算能力上变得更加强大。

边缘智能通用技术结构模型如图5-6所示。

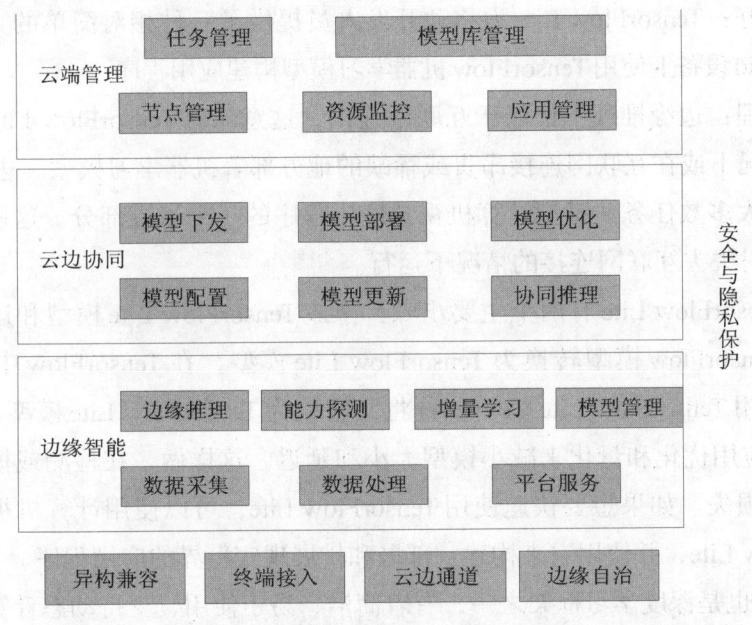

图5-6 边缘智能通用技术结构模型

在嵌入式设备上部署高性能深度学习模型以解决现实世界的问题，使用当今的AI技术是一项艰巨的任务。隐私、数据限制、网络连接问题以及对资源效率更高的优化模型的需求是边缘上许多应用程序为使实时深度学习具有可扩展性而面临的一些关键挑战。

5.4.2 深度学习框架

TensorFlow Lite（TF Lite）是一组工具，是原始TensorFlow（TF）的更轻量级版本，用于转换和优化TensorFlow模型以在移动和边缘设备上运行，作为边缘AI实现。TensorFlow Lite大大减少了通过设备上的机器学习引入大规模计算机视觉的障碍，从而可以在任何地方运行机器学习。另外，TensorFlow用于训练模型，TensorFlow Lite对于推理和边缘设备更加有用。此外，TensorFlow Lite还使用量化技术优化了训练的模型，从而减少了必要的内存使用以及利用神经网络的计算成本。

TensorFlow Lite的优势：

模型转换：TensorFlow模型可以有效地转移到TensorFlow Lite模型中，以实现移动友好的部署。TensorFlow Lite可以优化现有模型，以减少内存和成本消耗，这是在移动设备上使用机器学习模型的理想情况。

最小延迟：TensorFlow Lite减少了推理时间，这意味着TensorFlow Lite是解决实时性能依赖性能时间问题的理想用例。

用户友好：TensorFlow Lite为移动开发人员提供了一种相对简单的方法，可以在iOS和Android设备上使用TensorFlow机器学习模型构建应用程序。

离线推理：边缘推理不依赖于互联网连接，这意味着TensorFlow Lite允许开发人员在远程情况下或在互联网连接昂贵或稀缺的地方部署机器学习模型。边缘AI的离线推理功能是大多数任务关键型计算机视觉应用程序的一个组成部分。这些应用程序仍然应该在暂时失去互联网连接的情况下运行。

使用TensorFlow Lite有两个主要步骤：生成TensorFlow Lite模型和运行推理。我们可以将TensorFlow模型转换为TensorFlow Lite模型，在TensorFlow中创建一个模型，然后使用TensorFlow Lite Converter将其转换为TensorFlow Lite模型，TensorFlow Lite转换器应用优化和量化来减小模型大小和延迟。这样做，在检测或模型准确性方面几乎没有损失。如果想要快速使用TensorFlow Lite，可以使用计算机视觉平台来部署TensorFlow Lite，并使用它来构建、部署和扩展现实世界的应用程序。

PyTorch也是深度学习框架之一，有着简洁、易于使用、支持动态计算图而且内存使用高效的特点。同时由于PyTorch使用了动态计算图结构，就不需要重新构架整个网络，从而为使用现有的神经网络提供更加便捷快速的方法。Caffe2同样也是一个兼具表现力、速度和模块性的深度学习框架，能够以更加灵活的方式组织计算，在移动应用中提供AI驱动的用户体验，Caffe2现在已经合并到了PyTorch中。Caffe2的特点是使用简单且几乎全平台支持，它可以在iOS系统、Android系统和树莓派上训练和部署模型，同时英伟达、高通、英特尔、亚马逊和微软等公司的云平台都支持使用Caffe2。

5.4.3 人工智能在边缘侧的应用

我们将介绍几个在边缘设备上进行深度学习的示例应用，并解释对于每个应用"实时"的意义是什么。这些应用都是在边缘计算中的复杂的机器学习任务，它们都需要实时地运行且都需要在边缘侧进行推理或者训练。

1. 计算机视觉

自 2012 年以来，深度学习在 ISLRC 计算机视觉竞赛中取得了成功。其已经被认为是图像分类和目标识别的最新技术。图像分类和目标确定是视频监控、目标计数和车辆检查等许多特定领域的主要计算机视觉作业。这些数据自然是通过位于网络边缘的网络摄像头，甚至是嵌入其中的商业摄像头来获得的，以深入研究功能。计算机视觉中的实时输出通常是用帧速率来测量的，可以和相机的帧速率一样高，通常是 30～60 帧每秒。扩展能力是边缘计算对计算机视觉任务有用的原因之一。如果大量的摄像机上传大量的视频流，那么 ECS 的顶部带宽就可能成为瓶颈。

Vigil 是一个基于边缘的计算机视觉系统的例子。它是一种利用边缘计算支持企业校园实时跟踪和监控的实时分布式无线监控系统，这是由张坦等（2015）提出的。Vigil 由在外围计算节点处理的无线网络摄像头组成，智能选择分析帧（发现或计数对象），如在监控摄像头中搜索失踪人员或分析零售客户队列。Vigil 中边缘计算不是将所有帧上传到云端进行分析，通过这样的方法减少带宽消耗，并且可扩展性也可以随着摄像机数量体现出来。

2018 年，洪建俊等提出的 VideoEdge 从可扩展性的角度推动了基于边缘的视频分析。它们使用边缘和云计算节点的层次结构，在保持较高预测精度的同时，帮助实现负载均衡。商用设备，如 Amazon DeepLens，也遵循基于边缘的方法在局部执行图像检测，以减少延时。只有检测到感兴趣的对象、感兴趣的场景才会上传到云端进行远程查看，以节省带宽。

2. 自然语言处理

深度学习在自然语言处理任务中也很受欢迎，包括语音合成、命名实体识别（理解句子的不同部分）和机器翻译。对于会话 AI，在最近的系统中，延迟已经达到几百毫秒。在自然语言处理和计算机视觉的交会处，还有一个视觉问答系统，其目标是对图像（例如，"这个形象里有多少斑马？"）接受自然语言答案的提问。延迟要求取决于信息如何呈现；例如，会话回复最好在 10 ms 内返回，而对书面 Web 查询的回复则可以容忍约 200 ms。

边缘自然语言处理的一个例子是语音助理，如亚马逊 Alexa 或苹果 Siri。虽然语音助理在云中执行一些工作，但通常使用硬件处理来检测唤醒词（例如"Alexa"或"Hey Siri"）。只有检测到唤醒词后，语音记录才会被发送到云端进行进一步的分析、解释和恢复。对于 Apple Siri，唤醒词处理在两个设备上使用 DNN（深度神经网络）将语音分为 20 类（包括正常的言语、沉默和唤醒的话语）。第一个 DNN 较小（5 层 32 个单元），运行在低功耗的正常开放处理器上。如果第一个 DNN 的输出高于阈值，将在主处理器上触发第二个更强大的DNN（5层192个单元）。

唤醒词检测方法需要进一步修改，以便在更受计算限制的设备上运行，如Smart Watch或Arduino。在Apple Watch上，使用了单个DNN，混合结构借鉴了前面提到的双通道方法。对于Arduino上的语音处理，微软研究人员优化了一个基于RNN的唤醒词（"Hey Cortana"）检测模块，以适应1KB的内存。一般来说，尽管目前边缘计算用于边缘设备上的唤醒词检测，但对于更复杂的自然语言任务和需要连续的云连接，延迟仍然是一个重要问题。

3. 网络功能

使用深度学习的网络功能，如入侵检测和无线调度，已经被提上来了。根据定义，这样的系统生活在网络的边缘，需要在严格的延迟要求下运行。例如，一个通过阻塞恶意数据包主动响应检测到的入侵检测系统，需要以行速率进行检测，以避免瓶颈，例如40 μs。但是，如果入侵检测系统工作在被动模式，其延时要求并不那么严格。无线调度器还需要以线速运行，以确定应该实时发送哪些数据包。

In-Network Caching是网络功能的另一个例子。它可以在网络边缘使用深度学习。在边缘计算场景中，同一地理区域内不同终端设备可能多次向远程服务器请求相同内容。在边缘服务器上缓存这样的内容可以显著减少感知的响应时间和网络流量。在缓存系统中应用深度学习通常有两种方法：利用深度学习预测内容的流行度，或者利用深度强化学习确定缓存策略。为了训练深度学习模型，云端需要从所有边缘缓存中收集内容流行度信息。

4. 物联网

连接网络的传感器数据需要在医疗设备、智能城市、智能网络等多种垂直领域被自动理解。这些数据的分析类型取决于具体的网络领域，但对这些领域的深入研究证明是成功的。例如，传感器可以识别人类活动、智能城市中的行人流量和智能电网中的预测电力负荷。内联网条件的一个不同之处是，可能有多个数据流需要一起处理。这些数据流通常具有机器必须用于学习的时空关联性。DeepSense是利用时空通信将数据集成到内联网的基础，它提供了一个包含层次结构CNN（用于捕获多个传感器）和RNN（用于捕获时间相关）的通用深入学习框架，并展示了通用框架如何适用于多种传感器任务：车辆跟踪，利用惯性传感器进行人类活动识别和生物特征识别。

物联网深度学习的另一个重点是压缩深度学习模型，以适应计算能力较弱的终端设备，如Arduino或Raspberry Pi，它们通常只有千字节的内存和低功耗处理器。使用物联网设备进行边缘计算的另一个动机是，当物联网传感器放置在公共场所时，会出现重大的隐私问题；例如，纽约市哈德逊庭院智能城市开发公司试图利用空气质量、噪声和温度传感器以及摄像头，为广告商提供人们观看广告的数量和时间以及基于面部表情的情绪估计。然而，这引起了隐私监管机构的严重警告。因此，虽然物联网传感器数据的实时分析并不总是一项要求，而且传感器的通信带宽要求通常非常小（除非涉及摄像头），但隐私是推动物联网边缘处理的一个主要问题。

5.5 深度神经网络快速推理架构

上一节我们提出了在边缘设备上进行深度学习的应用示例，但是在应用场景中，满足其要求的低延迟性需要实现深度神经网络的快速推理。在本节中，我们将围绕如图5-7所示的四种推理加速方法来进行讨论与叙述。

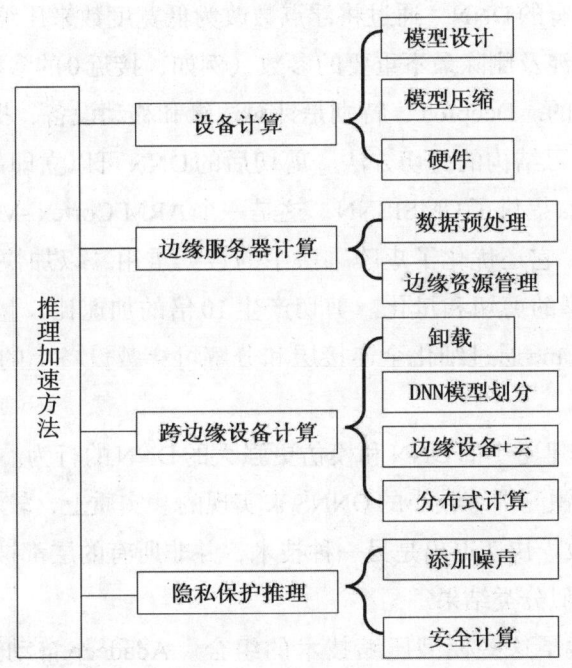

图5-7　DNN推理在边缘上的加速方法

5.5.1　设备计算

通过减少DNN在终端设备或边缘服务器上运行的延迟，这种努力可以在整个边缘生态系统中产生效益。在这里，我们描述了高效硬件和DNN模型设计方面的主要工作。

模型设计：在设计资源受限设备的DNN模型时，机器学习研究人员通常专注于设计DNN模型中参数较少的模型，以减少内存和执行延迟，同时保持较高的精度。有许多技术可以实现这一点。我们简要介绍了几种流行的深度学习模型，这些模型适用于计算机视觉中的资源受限设备。这些型号包括MobileNet、固态硬盘（SSD）、YOLO和SqueezeNet，最先进的技术正在迅速发展。Mobilenets将卷积滤波器分解为两个更简单的操作，减少了所需的计算量。挤压网采用特殊的1×1卷积滤波器对数据进行下采样。YOLO和SSD都是单发探测器，可以同时联合预测对象的位置和类别，这比按顺序执行这些步骤快得多。其中许多模型都有预先训练好的权重，可以从Tensorflow和PyTorch等开源机器学习平台下载。

模型压缩：DNN模型压缩是将DNN包含到外围设备中的另一种方法。与原模型相比，该方法通常规定对现有DNN模型进行压缩，精度损失最小。有几种流行的压缩模型：参数量化、参数剪切和知识提取。下面我们将简要介绍这些方法。

参数量化采用现有的DNN，通过将浮点数改为低宽度数来压缩其参数，避免了昂贵的浮点乘法。剪切涉及删除最不重要的参数（例如，接近0的参数）。量化和剪切方法是单独和联合考虑的。DeepIoT，特别是针对边缘和移动设备，提出了一种针对IOT设备中常用的深度学习结构的剪切方法。剪切后的DNN可以立即部署在边缘设备上，无须修改。Lai和Suda提供了CMSISNN，这是一个ARM Cortex-M处理器库，通过量化最大化DNN性能。它还优化了矩阵乘法中的数据重用，以加快DNN的执行。Han等人提出了RNN模型的剪切和量化。剪切产生10倍的加速比，量化产生2倍的加速比。Bhattacharya和Lane通过细化全连接层和分解可穿戴设备上的卷积滤波器来压缩神经网络。

知识提炼包括创建更小的DNN和模仿更强大的DNN的行为。这是通过使用较大的DNNS生成的输出预测训练较小的DNNS来实现的。实质上，较小的DNN逼近较大的DNN所学习的函数。快速退出是另一种技术，并非所有的层都被计算，只利用初始层的计算结果提供近似分类结果。

有几项工作探索了这些模型压缩技术的组合。Adadeep自动选择不同的压缩技术，包括剪切和借用Mobilenet和SqueezeNet的特殊过滤结构，以满足应用程序需求和移动资源限制。Deepmon将量化与中间GPU结果的缓存相结合。缓存使用这样的细节，即输入视频在后续帧之间不会有太大变化，因此前一帧的一些计算结果可以在当前帧中重用，从而减少冗余计算并加快执行速度。

硬件：为了加速深度学习推理，硬件制造商正在使用现有硬件，如CPU和GPU，并生产用于深度学习的定制专用集成电路（ASIC），如谷歌的张量处理单元（TPU）。Shidiannao是另一个新提出的定制ASIC，它专注于高效访问内存以减少延迟和功耗。它是Diannao系列DNN加速器的一部分，但目标是在边缘计算环境中有用的嵌入式设备。基于现场可编程端口阵列（FPGA）的DNN加速器是另一种很有前途的方法，因为FPGA可以在保持可重构性的同时提供快速计算。这些定制的ASIC和FPGA设计通常比传统的CPU和GPU更节能,后者以更高的功耗为代价灵活地支持多种工作负载。

供应商还为应用程序开发人员提供软件工具,以利用硬件提供的加速。芯片制造商开发了软件工具,以优化对现有芯片的深入学习,例如Intel的openvino toolkit,以利用Intel芯片,包括Intel的CPU、GPU、FPGA和视觉处理单元。NVIDIA的egx平台是该领域的另一个新进入者。它支持NVIDIA硬件,从轻量级Jetson nano到功能强大的T4服务器。高通公司的神经处理软件(SDK)开发工具包旨在利用Snapdragon芯片。还有一些为独立于硬件的移动设备开发的通用库,如RS TensorFlow,它使用GPU加速深度学习中的矩阵乘法。

5.5.2 边缘服务器计算

虽然上述硬件加速和压缩技术可以帮助DNN在终端设备上工作,但由于资源限制(如电源、计算和内存),在边缘设备上部署具有实时执行要求的大型、功能强大的DNN仍然具有挑战性。因此,自然会考虑将DNN计算从终端移动到更强大的实体,如边缘服务器或云。然而,云不适合需要短响应时间的边缘应用程序。由于边缘服务器与用户非常接近,可以快速响应用户的请求,因此它成为首选。

使用边缘服务器最直接的方法是将所有计算从终端设备转移到边缘服务器。在这种情况下,终端设备将其数据发送到附近的边缘服务器,并在服务器处理后接收相应的结果。

数据预处理:将数据发送到边缘服务器时,数据预处理有助于减少数据冗余,从而减少通信时间。Glimpse将所有DNN计算下载到附近的边缘服务器,但使用更改检测过滤下载的相机帧。如果未检测到任何更改,则Glimpse将在终端设备上本地执行帧跟踪。这种预处理提高了系统的处理能力,并使其能够在移动设备上实时识别对象。按照类似的想法,可以通过两个预处理步骤来构建识别系统:第一,丢弃模糊图像;第二,修剪图像仅包含感兴趣的对象。这两个预处理步骤是轻量级的,可以减少下载的数据量。我们观察到,虽然特征提取是计算机视觉中常见的预处理步骤,但它不适合深度学习,因为DNN本身就是一个特征提取程序。

边缘资源管理:当DNN需要在边缘服务器上高效地执行多个计算和资源管理时,DNN需要在边缘服务器上高效地运行。有几项工作探索了这一问题空间,重点是准确性、延迟和其他性能指标(如服务请求数量)之间的补偿。我们分析这些补偿,为每个请求选择正确的DNN配置,以满足精度和延迟目标。在流式视频输入期间,还可以进行在线更新配置。VideoEdge考虑到了分布在边缘和云服务器层次结构中的计算,以及如何联合调整所有DNN超参数。Mainstream在边缘服务器上考虑了准确性和延迟之间的权衡,他们的解决方案使用转移学习来减少每个请求所消耗的计算资源,这样可以使多个应用程序能够共享DNN模型的公共较低层,并计算特定应用程序的较高级别,从而能够减少总体计算。

5.5.3 跨边缘设备计算

虽然加快DNN处理速度可以通过边缘服务器实现,但是在边缘设备上并不需要执行全部的DNN。我们可以使用以下四种智能卸载方法来加速DNN推理:①DNN计算的二进制卸载,决定是否卸载整个DNN;②部分卸载已经分区DNN,它决定了应该卸载多少DNN;③分层架构,其中卸载是在边缘设备、边缘服务器和云的组合中执行的;④分布式计算方法,其中DNN计算分布在多个对等设备上。

卸载:最近的方法,如深度决策和MCDNN,采用一种基于优化的卸载方法,约束条件包括网络延时和带宽、设备能量和货币成本。这些决策是基于这些参数之间权衡的经验测量,例如能量、精度、延迟和不同DNN模型的输入规模。不同DNN模型的目录可以从现有流行模型中选择,也可以通过知识抽取或通过多个模型的"混合匹配"DNN层构建新的模型变体。即使在边缘计算的背景下,DNN卸载也可以考虑额外的自由度,不仅要考虑在哪里运行,还要考虑运行哪个DNN模型或部分模型。因此,数据大小、硬件功能、需要执行的DNN模型、网络质量等因素成了是否卸载DNN的决定因素。

DNN模型划分:利用DNN的独特结构也可以使用部分卸载法。在这种模型划分方法中,终端设备、边缘服务器、中心云分别负责一部分层的计算。这被称为DNN模型分区。这些方法通过利用其他边缘设备的计算周期,潜在地降低延迟;但是,还必须指出,在DNN分区点传输中间结果的延迟仍然会带来总体净效益。促使了在初始层之后进行划分的原因是在计算DNN模型的前几层后,中间结果的数据比较小,使得它们比通过网络发送给边缘服务器的原始数据要快。

DNN除了可以进行逐层划分外,还可以沿输入维数(例如选择输入图像的行)进行划分。这种基于输入的划分允许细粒度分区,因为每个划分的输入输出数据大小和内存足迹可以任意选择,而不是由离散的DNN层大小定义的最小划分大小。这对于非常轻量级的设备尤其重要,如物联网传感器,可能不包含整个DNN层所需的内存。但是,因为后续DNN层的计算需要相邻分区的数据结果,按输入进行分区,可能会导致数据依赖性的增加。

总之,这些与DNN分区相关联的部分卸载方法与过去的非DNN卸载方法在思想上类似,后者将应用程序分为其组成子任务,并根据能量和或者延迟决定执行哪个子任务。

深度学习计算不仅可以在边缘设备上执行,还可以在云中执行。虽然单独卸载到云可能会违反正在考虑的深度学习应用程序的实时性要求，但合理使用强大的云计算资源可以减少总处理时间。与在边缘服务器或云中运行计算的二进制决策不同，该领域的方法通常考虑DNN分区，其中一些分区可以在云中、边缘服务器和/或终端设备中运行。

DNN模型可分为两部分：用于边缘服务器计算的DNN模型的初始层和用于云计算的DNN模型的顶层。边缘服务器接收传入数据并执行低级DNN处理，并将处理后的中间数据发送到云中的更高级别。上层计算完成后，最终结果将发送回终端设备。此设计使用边缘服务器和云，云可以帮助处理需要大量计算的请求，提高边缘服务器请求的处理率，减少边缘服务器与云之间的网络流量。

上述方法主要考虑将计算从终端设备转移到其他功能更强大的设备（如边缘服务器或云）。另一项工作是从分布式计算的角度考虑这个问题，其中DNN计算可以分布在多个边缘辅助设备中。DNN分区决策基于终端设备的计算能力和/或内存。在运行时，根据负载平衡原则分发输入数据。辅助设备数据的分布可以在线调整，以考虑计算资源的可用性或网络条件的动态变化。

5.5.4 隐私保护推理

终端设备数据通过边缘网络时，可能包含导致隐私问题的敏感信息（如GPS坐标、摄像头图像、麦克风音频等）。这在边缘计算中尤为重要，因为数据通常来自有限地理区域内数量有限的用户，因此隐私泄露更令人担忧。虽然边缘计算通过减少通过公共互联网传输到云的数据在一定程度上减少了隐私泄露的风险，但其他技术可以进一步减少端点和边缘服务器之间的隐私泄露，以防止被窃听。在这一部分中，我们将讨论两种隐私保护推理方法：添加噪声以模糊终端设备加载的数据和使用加密技术进行安全计算。

向数据添加噪声：在设备上本地部署一个小型DNN，以提取资源，为资源添加噪声，然后将资源上传到云通过强大的DNN进行额外推理。云中的DNN使用噪声样本进行预训练，因此在测试期间，从终端设备加载的噪声推断样本仍然可以高精度分类。本文中使用的隐私的正式概念是差异隐私，这确保了机器学习模型不会在更高级别上记住任何特定设备输入数据的细节。

安全计算：计算DNN预测也可以使用加密技术。安全计算的目标是保证终端设备在不知道DNN模型的任何信息的情况下接收推理结果，边缘服务器在不知道设备的任何数据的情况下处理数据。也就是说，终端设备和边缘服务器都要计算DNN预测$f(a, b)$，其中a为只知道终端设备的输入样本（例如相机帧），b为只知道边缘服务器的DNN参数。安全计算使得设备和服务器都可以在不知道对方数据的情况下计算

$f(a, b)$。

安全计算的一种方法是同态加密。在同态加密中，通信数据被加密，并且可以像加密网络一样计算加密数据。其思想是使用低阶多项式来近似DNN中常用的计算，如加权和、最大池、平均池、S形函数和校正线性单元（RELU），它们可以同态加密。然而，同态加密的一个瓶颈往往是计算时间，这意味着需要离线预处理。由于使用近似值，加密网络还需要重新训练DNN。多方计算是另一种安全计算技术。在安全多方计算中，多台机器协同工作并在多轮中通信，以共同计算结果（例如，我们场景中的DNN预测）。与差异隐私不同，安全多方计算侧重于中间步骤的隐私，而差异隐私侧重于整体构建模型的隐私保证。

5.6 深度学习模型在边缘侧的训练

到现在为止，边缘计算和深度学习主要用于推理。他们的目标包括低延迟、保密性和节省带宽。这些方法都假设了深度学习模型已在一组现有数据集上进行了离线训练。在本节中，我们将讨论深度学习模型通过边缘计算来进行训练的方法，重点是通信效率和保护隐私。在最终的边缘云智能协作中，如果能够在边缘端有效地训练深度学习模型，整个协作过程将更加高效。传统上，为了使用云强大的计算能力来训练模型，需要将终端设备生成的大量数据传送到云上，这样就占用了大量带宽，同时还产生了隐私保护问题。为了解决保密性的问题，将数据保留在终端设备中是一个很好的解决方案，还可以帮助减少网络带宽要求。例如，基于深度学习的智能手机打字预测模型可能受益于来自多个用户的训练数据，但个别用户可能不想将其原始数据上传到云；同样，在图像分类服务中，将所有相机帧从终端设备上传到云会消耗大量带宽，并且存在上传敏感信息的风险。基于边缘的训练利用数据中心的分布式DNN训练。在数据中心，训练是跨多个工作人员进行的，每个工作人员持有一个数据集分区（称为数据并行）或一个模型分区（称为模型并行）。虽然已经讨论了这两个系统的设计，但数据并行在实际系统中得到了广泛应用，这也是本节其余部分的重点。在数据并行性中，每个工作者计算其数据集的本地分区的梯度，然后由中央参数服务器收集，执行一些聚合计算，并将更新发送回工作者。边缘设备训练利用数据中心的设置，员工是终端设备，而不是数据中心强大的服务器。中心参数服务器是边缘计算节点或服务器。例如，Depcham由一个主边缘服务器组成，该服务器在终端设备上训练域感知对象识别。连接到同一边缘服务器的用户可能具有类似域的洞察力（例如时间和物理环境）。在边缘场景中，通信延迟、网络带宽和终端设备的计算能力是训练性能的关键考虑因素。边缘设备上的深度学习训练通常涉及分布式深度学习训练技术。本节从以下角度讨论在边缘设备上实施分布式训练的技术：训练更新的频率和规模（这两者都会影响通信成本）、分散式信息共享协议、隐私保护DNN训练。这些技术的分类如图5-8所示。

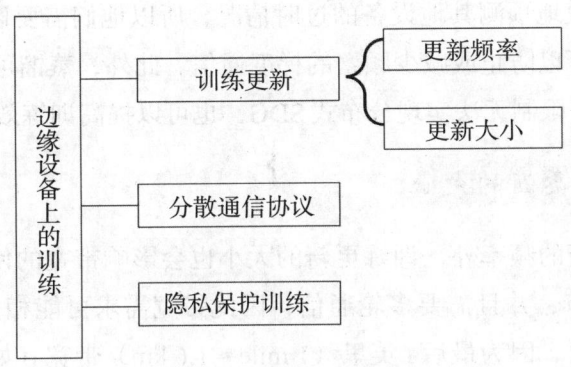

图5-8　边缘设备上的DNN训练

5.6.1　训练更新频率

通信成本是边缘设备最关心的问题。降低通信频率和每次通信的规模是降低通信成本的关键方法。我们将讨论专注于通信时间和频率的分布式训练方法。有两种常用的方法可以同步中央边缘服务器的更新：同步随机梯度下降和异步随机梯度下降。在同步随机梯度（SGD）下降过程中，当所有设备完成当前批次训练数据的梯度计算时，每个设备同步更新其参数。在异步SGD下降过程中，设备独立地将其参数更新到中央服务器。同步SGD和异步SGD各有优缺点。虽然同步SGD通常会收敛到更好的解决方案，但在实践中通常速度较慢，因为每次迭代都需要等待设备。另外，异步SGD下降的收敛速度通常比同步SGD下降快，但它可以使用旧的设备信息来更新参数，并且可以收敛到较差的解。

分布式训练算法通常关注于如何使同步SGD更快或如何使异步SGD收敛到更好的解决方案。在分布式环境中，通信频率和数据量也非常重要。弹性平均值方法允许每个设备在同步升级之前执行更多的本地训练计算，并进一步转移或探索全局共享解决方案，从而降低同步和异步训练方法SGD的通信成本。这减少了本地设备和边缘服务器之间的通信量。联邦学习在思想上类似，但考虑了非理想场景，例如不独立且具有相同分布的数据分布。在不将原始训练数据上传到服务器的情况下计算更多的局部梯度更新可以平衡通信成本的准确性：更多的局部计算将降低预测精度（由于过度调整局部数据集），但也可以节省通信成本。

除了同步和异步更新之外，蒸馏是另一种降低通信频率的方法。蒸馏可以使用一个模型的预测输出来帮助形成另一个模型。Anil等人提出将蒸馏整合到分布式DNN形成中。在他们的方法中，每个设备训练数据子集，并根据其计算的训练损失像往常一样更新其梯度，但也使用同时训练的其他设备的预测输出来提高训练效率。因为他们发现训练可以有效地预测其他设备的过时情况，所以他们需要以较低的频率与其他设备交换信息。这可以防止或减少频繁的梯度通信。此外，蒸馏可以与分布式SDG相结合，即使由于网络限制无法实现分布式SDG，也可以提高训练效率。

5.6.2 训练更新的大小

除了训练更新的频率外，训练更新的大小也会影响带宽的使用。由于该模型的大小约为数百兆字节，并且需要多轮通信，因此带宽需求可能相当大。在边缘场景中，带宽问题至关重要，因为最后1英里（1 mile≈1.6 km）带宽（如无线和接入网络）可能会受到极大限制。在本节中，我们将回顾梯度压缩技术，该技术可以减少发送到中央服务器的更新的大小。

除了训练更新的频率之外，训练更新的大小也会影响带宽使用。由于模型大小约为数百兆字节，并且需要多个通信周期，因此带宽需求可能相当大。在边缘场景中，带宽问题至关重要，因为最后的带宽可能会受到严重限制。在本节中，我们将研究梯度压缩技术，它可以减少发送到中央服务器的更新的大小。

常用的梯度压缩方法有两种：梯度量化和梯度稀疏化。梯度量化使用较少的比特宽度来近似浮点梯度。例如，32位浮点数可以近似为8位数字，从而将大小减少四分之三。请注意，梯度量化与参数量化类似，只是量化应用于模型梯度或模型参数。梯度稀疏化丢弃不重要的梯度更新，只提供超过某个阈值的更新。梯度量化和稀疏化可以一起工作。

5.6.3 分散通信协议

我们已经考虑了一种集中式训练体系结构，其中多个终端设备与边缘服务器通信。拥有中心边缘计算节点或服务器可确保所有设备收敛到与模型相同的参数。然而，集中式体系结构的通信吞吐量受到中心节点带宽的限制。为了克服这一问题，有人提出了一种任务型算法，作为以分散方式交换训练信息的方法。在该算法中，每个设备根据其训练数据计算其梯度更新，然后将其更新传输给其他设备。

Blot等提出了一种基于Gossip的深度学习异步训练算法。他们的实验表明，收敛速度比平均弹性快。Jin等在研究同步SGD和异步SGD的收敛速度的基础上，提出了Gossiping SGD。他们最关心的是可伸缩性，即哪些SGD方法适合不同数量的客户机。他们发现，异步SGD在工人数量较少（32个模拟工人）的情况下收敛速度更快，而同步SGD在工人数量较多（100个模拟工人）的情况下扩展得更好，精度更高。Li

等开发了一个名为INCEPTIONN的分布式系统，它将梯度压缩和八卦结合在一起。他们的方法包括将设备分为不同的组，在每个组中，每个设备与下一个设备共享其部分梯度。

5.6.4 隐私保护训练

现在，我们回到基线SGD算法（例如，同步SGD），但考虑通信梯度信息的隐私影响。只要终端设备收集的训练数据与其他边缘设备共享，该技术就可用且有效。虽然该模型的训练不会直接共享终端设备收集的数据，但边缘设备之间交换的梯度信息仍然会间接泄露私有数据的信息。因此，需要进一步的隐私增强技术。

我们假设威胁模型是一种被动攻击，例如终端设备，它遵循规定的训练协议，不会主动进行恶意攻击。然而，它可能会尝试观察其他通信数据来理解模型或数据。Shokri和Shmatikov考虑了这种情况下训练DNN的隐私问题，尤其是关于差异隐私。他们不将所有梯度上传到中心服务器中，且做了如下改变：①仅将一些高于阈值的梯度进行传输；②将噪声添加到每个上传的梯度中。这使模型能够合理、准确地进行训练，同时减少训练更新的信息泄露。Abadi等研究了一个类似的问题，即整个模型上的隐私损失是有界的，他们通过裁剪、平均和添加噪声来修改梯度，然后将其传输到参数服务器。Mao等将差异隐私与模型划分相结合，其中DNN的初始层在设备上计算，与噪声混合，并上传到边缘服务器，以混淆上传的训练数据并保护隐私。除了修改梯度外，我们还考虑在训练数据中添加噪声。Zhang在训练前考虑了可以添加到输入数据中的不同类型的噪声，他们没有使用差别隐私的正式概念，而是利用经验来防止对手发现单个训练数据样本的统计特性或关于训练样本组的聚合统计。这本质上是训练数据的预处理步骤。即使对手已经接管了参数服务器，并且可以访问模型参数或后处理训练数据，它也可以提供保护。

5.7 本章小结

随着端-边-云协同的应用场景逐渐增多，协同技术的发展也越发快速和高效。本章从边缘计算和端-边-云协同的概念引入，讲述了协同技术的总体框架和在工业互联网中其主要的应用场景。

随着边缘AI技术的成熟，将人工智能应用在边缘侧实现端-边-云AI协同有着不可比拟的优势。我们将计算机视觉、自然处理语言、网络功能作为示例应用进行了讨论，其共同点是需要实时处理终端设备产生的数据。基于这些应用低延迟的共同需求，我们讨论了在AI协同技术中实现快速推理的方法，分别是跨终端设备、边缘服务器和云加速深度学习推理。这些方法都利用了DNN模型的独特结构。在最后一节我们讨论了深度学习模型在边缘侧的训练，包含了在边缘服务器和云的帮助下多个终端设备协同训练DNN模型和进一步的隐私增强训练技术。

第6章
工业互联网智慧能源管理服务云平台研发及其示范应用

6.1 国际发展背景

国外基于大数据技术开展智慧能源管理的研究起步较早,前期大数据技术主要应用在商业金融领域,之后逐渐扩展到能源领域。能源领域尤其是电力系统的数字化转型至少已经开展了30年,可以分为以下三个阶段。

第一个阶段是概念的提出阶段。大数据的概念起源于美国,最早可追溯到Apache软件基金会的开源项目Nutch。当时,大数据用来描述为更新网络搜索索引需要同时进行批量处理或分析的大量数据集。早在20世纪90年代,沃尔玛公司就充分运用所掌握的海量数据进行商业分析,预测顾客需求,调节供需,成功降低了库存和缺货率。随着网络信息技术的发展,各国在信息获取技术、互联网以及社交网络等方面取得了较大的进展,直接导致数据规模大幅度提升。大数据开始进入电信、金融等行业,而电力工业化与信息化的不断融合,增强了电力企业对电力信息的依存度,大数据的作用和价值得到了企业和社会的认可。各国政府陆续启动国家层面的大数据研究。美国学者Jeremy Rifkin在其著作《第三次工业革命》中预言,未来将出现一种以新能源技术和信息技术的深入结合为特征的新的能源利用体系,他将所设想的这种新的能源体系命名为Energy Internet,即能源互联网。Jeremy Rifkin认为互联网技术与可再生能源相结合，在能源开采、配送和利用等方面从传统的集中式转变为智能化的分散式，从而将全球的电网变为基于可再生能源的、分布式、开放共享的网络即是能源互联网。"能源互联网"概念一经提出，便引起了广泛关注。

第二个阶段是示范实践阶段。2008年，德国发起"电子能源"（E-Energy）计划；2009年，美国建立了开放数据平台Data.gov；2010年，日本发起"数字电网"计划；2012年，美国政府宣布启动"大数据研究开发计划"，投资2亿美元拉动大数据相关产业发展，将"大数据战略"上升为国家战略。美国政府甚至将大数据定义为"未来的新石油"。2013年，美国电力科学研究院启动了两个能源电力大数据研究项目：输电网现代化示范项目（TMD）和配电网现代化示范项目（DMD）。在这两个项目中催生了一大批像C3Energy、Opower、Solar GIS等研究与应用能源大数据技术的高科技公司。他们普遍利用能源大数据技术，分别从促进可再生能源、开发商业模式、能源服务、能源交易及传统化石能源如何融入综合能源服务提供了初步解决方案。

第三个阶段是全面发展阶段。世界各国在能源大数据方面加大了投入，着力打造智慧能源系统，国际竞争逐渐激烈。2014年，欧盟正式实施Horizon2020研究创新计划，经费800亿欧元，当时属于欧洲最大的研究创新计划。H2020能源技术创新计划是其中的重要组成部分，分为2014年、2015年两期，内容包括四个方面——能源效率、低碳能源、智慧城市和社区以及中小型企业参与，目标是保障能源安全、提高欧盟产业竞争力，构建一体化智能化欧洲电网。2016年，欧盟发布《数字能源系统4.0》。日本十分重视开拓国际智能电网市场，在经产省主导下成立了智能社区联盟，意在关注国际电网动向，推进国际标准化，掌握市场主动权。日本国内通过协调电力、热能与运输方面的能源使用，以期降低碳排放量，增加对可再生能源的依赖，四城市采用一种智慧能源系统，将超越美国及其他国家实施的"智能电网工程"。2017年，日本智慧能源市场规模达到4 560亿日元，六成以上的能源相关企业正在积极考虑活用大数据技术，将其用于智慧能源战略中，市场规模预计2020年将超1兆日元。2020年7月，欧盟整合能源体系，推出氢能战略，发布《欧盟能源系统整合策略》，将为欧盟向绿色能源过渡搭建框架。

6.2 国内的发展现状

我国基于大数据开展智慧能源管理服务的发展也可以分为以下三个阶段。

第一个阶段是概念提出阶段。在1990年清华大学前校长高景德提出了CCCP（即现代电力系统是计算机、通信、控制与电力系统以及电力电子深度融合），在2000年清华大学卢强院士提出了"数字电力系统"（Digital Power System，DSP）。

第二个阶段是示范实践阶段。进入21世纪以来，随着"两化融合"工作的推进，电力大数据进入新的时代。一方面是电力系统的智能化、数字化获得了突飞猛进的发展，沿着电力系统的价值链，发、输、配、售、用及调度交易全过程所生产的数据堪称海量；另一方面，电力企业普遍开展了信息化建设，数据的生产和存储能力大幅提升，国家电网公司在2014年工作报告中指出，"把数据资源作为公司战略资产，加强集中管理，实现全公司信息共享。强化数据分析，提升数据应用水平和商业价值"。标志着电力企业从此开启了大数据进程。

第三个阶段是全面发展阶段。大数据公共管理、零售、电信、金融、互联网等行业快速发展，市场规模迅速扩大。2017年，中国大数据市场规模达到27亿美元，而全球规模达到501亿美元。在电力行业，大数据已经被视作企业战略层面的重要议题。2019年，南方电网有限公司发布《数字化转型和数字南网建设行动方案（2019年版）》并成立南方电网数字电网研究院。主要能源企业、国家和地方能源主管部门，也都在其各自的政策和战略文件中将数字化转型作为重要方向。这一阶段的能源数字化转型体现出新的特征，即从服务能源企业与能源系统内部的提质增效，延伸到服务外部的产业赋能与治理支撑，这正是数字中国建设和数字经济发展的要求。2020年5月13日，国家发展和改革委员会发布《数字化转型伙伴行动倡议》，推动"数字引领、抗击疫情、携手创新、普惠共赢"的数字化生态构建，促进数字经济进一步发展。

习近平总书记在主持实施国家大数据战略第二次集体学习时强调，"要推动大数据技术产业创新发展"；指出，"要构建以数据为关键要素的数字经济"；强调，"要运用大数据提升国家治理现代化水平"；指出，"要运用大数据促进保障和改善民生"。以此为指引，能源企业开展了诸多卓有成效的工作。

此前，国网浙江杭州供电公司通过"电力大数据+社区网格化"算法，精准判断区域内人员流动量和分布，对地方政府科学决策与准确行动提供了坚实支撑。南方电网云南电网公司通过在电力杆塔上加装通信设备，实现"共享铁塔"，助力5G新基建建设。但是，在数字化转型进一步深化的过程中，仍有很多问题亟待更加深入和系统地回答和解决。

1. 如何打通能源企业部门之间的数据壁垒，以及能源部门和其他部门的数据壁垒？

大数据价值的实现需要全数据，全数据的实现需要打破数据壁垒。数据壁垒的存在既是意识问题，更是机制问题，还是技术问题。数据的所有权、使用权的权属不明晰，收益分配与风险责任不匹配，需要从机制设计与技术保障全方位来解决。

2. 能源数据如何全面助力地方治理、国家治理与全球治理？

目前从国家到地方的能源主管部门主要使用能源数据支撑以统计为主的日常性业务。一些地方进行了很好的尝试，如广州市发改委开创建设全国首个集能源规划、发展、监测、预警、预测于一体的城市级能源管理与辅助决策平台，并通过能源信用子系统等为城市经济发展服务。但仍需要系统、全面和深入的顶层设计，最大化地挖掘能源数据的价值，全面支撑地方到国家乃至全球治理现代化。

3. 能源数据如何推动数字经济与改善民生？

能源电力企业通过"多塔合一"（如前述"共享铁塔"与智慧路灯等）、"多站合一"（变电站、箱式数据中心站和充电站等一体化站房）以及"多网合一"（电力线、光纤一体化建设实现四网入户、多表集抄）的物理资源共享方式助力数字经济的发展和民生的改善。如何通过能源电力的数据资源开放和共享方式赋能产业、方便用户，带动一大批以第三方增值服务为核心的中小微企业的发展，带动能源领域新业态、新模式，进一步促进数字经济发展与改善民生，也是需要从技术到机制都应该研究和解决的。

4. 数字技术如何有效提升能源企业与政府主管部门的业务与服务水平？

提质增效，这是能源企业与政府主管部门拥抱数字化转型的基础目标。在转型过程中，需要准确把握数字技术发展趋势，深刻理解数字技术的能力与局限，精确分析数字技术提升业务的收益与成本，科学编制数字化转型路线图。此外，无论是对内业务还是对外业务，要转变思路，以服务为导向，以"用户"体验为导向，提升"用户"服务水平。

5. 数字化转型和能源转型如何相互支撑、携手共进？

5G、数据中心等数字中国新基建具有高载能的特点，对能源保障提出了新的要求，也给以清洁低碳、安全高效为目标的能源转型带来了压力。数字转型和能源转型要相互支撑、携手共进，需要从点、线、面三个层次着力。从点上看，要大力发展分布式综合能源系统，提升冷、热、电能源综合利用水平，最大化本地化清洁能源利用水平。从线上看，要进一步提升信息物理能源系统协调管控水平，通过5G基站储能共享云、数据中心多点负载调配等能源互联网创新模式，提升可再生能源的利用能力，助力能源系统安全高效运行。从面上看，要全面深入地分析和测算数字化转型带动的产业结构调整对能源结构调整的影响，从而进一步做好能源转型的顶层设计。

6.3 发展驱动力

基于大数据的智慧能源管理服务发展的驱动力：随着新兴信息技术的不断发展，信息技术作为一股变革力量促进着政治、经济、文化、环境等多个领域的发展。另外，政治、经济、社会、技术自身也推动着大数据技术的发展。本部分从政治、经济、社会以及环境方面系统分析大数据技术发展的动态因素。

1. 政府的支持及科技政策的推动

随着社会的不断发展，大数据技术的价值也越来越被人们重视。有人甚至把所获得的"大数量集"类比为黄金、石油。"大数据集"本身具有价值密度低的特点,但是由于"大数据集"的信息体量巨大,且对海量数据信息进行分析挖掘后可以提高其价值,有利于政府进行决策。因此,如今政府也越来越认识到大数据技术的作用,甚至将其上升到国家战略层面。"在政府层面,各国政府非常重视大数据对国家发展和安全保障的重大作用,积极利用大数据发展经济,积极开发大数据的技术并抢占数据的战略制高点。"2010年,美国总统科学技术顾问委员会强调当代社会"数据正在呈指数级增长",联邦政府各部门及相关机构都迫切需要制定一个切合自身实际的大数据战略。2012年,美国政府启动"大数据技术研究发展计划"。而我国国务院也于2015年印发《促进大数据发展行动纲要》,对大数据的发展做了方向规划。如今世界主要国家都积极制定大数据政策以促进大数据技术的发展。制定大数据科技政策,从政策方面予以激励,有助于进行技术创新。

2. 经济发展需要的推动

经济发展需要直接推动着技术的发展。随着电子设备的普及和人类生产活动范围的增大,企业获取消费者信息的需求量不断加大;同时,企业亟须针对所获得消费者信息的海量数据进行数据分析。企业需要获取消费者更多的数据去分析消费者,从"大数据集"中挖掘其价值,并从中找出隐含的规律,有利于企业进行战略及管理决策。因此,由于经济发展的需要,企业迫切需要提高技术能力,经济发展需要成功推动了技术的进步。另外,技术的发展需要一定的物质条件作为支撑。由于"智能可穿戴设备"的出现使得自动采集信息可以实现;智能手机的出现也使得微信 LBS 实时定位成为了现实;监控安防设备的产生也使得 24 小时实时监控路况成了现实。随着经济的不断发展,所产生的数据体量也在不断加大。由经济发展所产生的大量数据、财力、物力等都为大数据技术的发展提供了物质基础。

3. 社会需要的推动

随着互联网技术的不断进步,人们的生产活动中会产生大量的数据,人们的日常生活与数据的联系也越来越紧密。"通过对这些大量的数据进行分析处理,人们可以从中发现更多的潜藏规律,从而推动整个社会的发展。"加入将大数据技术应用于反恐领域,利用大数据技术的预测分析可以减少恐怖事件的发生。而如果运用大数据技术来分析天气情况,有利于对地震、海啸、冰雹等自然灾害进行预测,从而减少人类生命及财产的损失。另外,运用大数据技术进行数据公开共享,有利于政府提高政务透明度,也有利于社会的发展。一方面,大数据技术与各个领域发生关联,利用大数据技术有利于整体的发展;另一方面,社会各方面发展的需求也需要通过技术手段获取更多的数据信息并对之进行数据挖掘分析,从而方便进行决策。社会发展的需求也促进大数据技术的产生和发展。

4. 技术自身的推动

任何技术都是在不断发展变化的，随着社会需求的变化以及科技的进步，技术会不断优化，在原有基础上不断丰富、发展。"每一项技术都不是孤立的，它都是在前人已有技术成果的基础上进行的创新和发展。"像如今的"大数据技术"就是建立在"小数据"基础之上发展起来的。"大数据技术"之所以被称为"大"，是与传统的"小数据"相对应的。"小数据"又称传统数据或常规数据。"大数据技术"能有今天的发展，也离不开传感器、微处理器以及云计算、互联网的发展。有了互联网，大数据技术所获得的海量数据才能够进行实时的公开共享。而只有对数据进行挖掘才能发现其价值，而大数据挖掘技术就需要云计算技术的支持。有了云计算才可以对所获得的大数据集进行分布式处理。"大数据技术"能有今天，离不开技术自身的不断发展。随着技术的不断发展和推动，无论是政府、企业还是个人，每时每刻都在产生大量的数据，运用传统"小数据"的处理方式已经越来越困难。因此，人们亟须通过合适的工具和手段来收集并处理这些海量数据。同时，数据采集、存储、分析、计算等功能的运用也越来越完善。此时，传统的数据组织架构与服务模式已经满足不了信息社会发展的需求，如随着数据量的加大导致数据的存储单位从TB发展到PB甚至EB。由于现有数据处理技术无法满足人们日益增长的数据处理需求，因此催生了大数据技术的产生和发展，以开源技术为代表的一系列数据处理技术也就应运而生了。技术的发展，离不开技术自身的推动。

5. 数字化产业生态环境的推动

数字化产业生态环境与智慧能源管理服务技术应用联系紧密，相辅相成。构建良好的数字化产业生态环境，有利于企业进行数字化技术的研发和应用，会间接促进智慧能源管理服务业务的发展。智慧能源管理服务业务的发展又有助于数字化产业生态环境的优化。二者相辅相成，相互促进。

6.4 国内外智慧能源管理服务实践案例及成效分析

基于大数据的智慧能源管理服务就像是一座逐渐被挖掘的金矿，通过对其进行获取、处理、分析及应用，其潜在价值正逐步为能源行业的发展注入新的动力。本节从政府服务领域、电力行业领域等方面详细阐述清洁能源大数据的应用方向。

6.4.1 在政府服务领域的实践应用

1. 能源业规划与监管

基于清洁能源大数据，可建立精确需求导向的新能源规划模式，并可推动多能协同的综合规划模式，提升政府对新能源重大规划的科学决策水平。此外，发挥清洁能源大数据技术在能源监管中的基础性作用，可推动新能源监管模式的创新，建立透明高效的现代新能源监督管理网络体系，提升新能源监管的效率和效益。比如，建设中的国家光伏发电公共数据平台，将实现对已建成光伏发电项目全面接入，构建能够全面反映光伏发电项目质量、技术、性能的公共大数据平台，分析评估光伏发电总体技术水平及运行状况，从而为国家及地方政府出台政策提供充分的事实依据，实现对光伏发电建设以及长期运行的监管，保障光伏产业有序健康发展。

2. 能源政策制定与评估

基于对风、光等大数据的深度挖掘及分析，可实现对风光资源及发电建设运行、地区电网接纳能力等进行全面评估，从而全面、准确地掌握我国光伏发电开发利用实际情况，为政府制定和完善光伏扶持政策及行业规范提供技术支持。在新能源政策制定过程中甚至在制定之前，通过分析光伏大数据，完成深度数据挖掘及分析，进而判断如何有效地制定新能源政策方案，以减少甚至避免政策出台后的失误，提高政策执行效率；在新能源政策执行过程中，通过光伏大数据可建立健全信息反馈机制，及时准确地获得新能源相关数据信息，进一步地基于对数据的深入分析，可有效地评估新能源政策的执行效果，以及时纠正政策的偏差。充分发挥光伏大数据的效用，将能够帮助新能源政策制定者更好地理解哪些刺激行为、什么样的环境、政策和监管的改变会更加现实和有效。

比如，德国在努力推进可再生能源的开发应用时，利用新能源发电和家庭电表反馈的数据，制定了具有可行性的激励政策，调整了传统的新能源补贴方式，以增加对新能源和智能电网基础设施的投资，进而实现了根据需求优化资源配置的目的。

6.4.2 在电力行业领域的实践应用

麦肯锡曾有报告预测，在全球范围内，大数据分析方案的广泛使用能够带来每年3 000亿美元的电费削减。电力大数据的有效应用可以面向行业内外提供大量的高附加值的增值服务业务，对于电力企业盈利与控制水平的提升有很高的价值。有电网专家分析称，每当数据利用率调高10%，便可使电网提高20%至49%的利润。

能源大数据包括三维生态架构，即数据域、工作域和系统域。数据域包括清洁能源电站全生命周期（规划及设计、建造及验收、监测及控制、运维及管理、资产评估及交易）中相关的所有数据，不仅包括光伏电站实时运行的电量数据，还包括辐射数据、气象数据和地理数据，以及一些政策信息、银行贷款利率和购电协议等。工作域涉及数据从采集到应用的全生命周期，包括采集、接收、传输、存储、处理、可视化、计算、分析及应用等多个层面。系统域包括设备层、通信层、数据层、应用层及交易层。

电力行业的数据源主要来源于电力生产和电能使用的发电、输电、变电、配电、用电和调度各个环节，可大致分为三类：一是电力生产运行和设备检测或监测数据；二是电力企业营销数据，如交易电价、售电量、用电客户等方面的数据；三是电力企业管理数据。通过使用智能电表等智能终端设备可采集整个电力系统的运行数据，再对采集的电力大数据进行系统的处理和分析，从而实现对电力系统的实时监控；进一步结合大数据分析与电力系统模型对电网运行进行诊断、优化和预测，为电网实现安全、可靠、经济、高效地运行提供保障。

1. 电网及电站规划与设计

通过集成辐射数据、气象数据、地理数据、政策数据、金融数据、电站设备数据等清洁能源大数据，可实现对清洁能源电站的一站式规划与设计。比如，Geostellar通过其线上数据分析及搜索系统，为用户提供光伏电站的设计、融资、安装等服务，提出"希望成为行业内最大的太阳能资源搜索引擎"这样的愿景；Google Sunroof项目则基于高分辨率卫星图像、Google地图数据以及自己家周围的相关数据，协助有意安装屋顶太阳能项目的潜在客户，评估在自家屋顶安装太阳能电池板后的发电潜力及其效益。

2. 电网监测及维护方面

通过实时监测光伏装备的运行状态，清洁能源装备制造企业可从海量数据中筛选出装备的关键运行数据，进而对设备进行性能评估与可靠性分析，统计设备故障率及运行效率，并以此为基础开展基于大数据的装备故障预警、质量诊断、程序升级、远程优化等增值服务。此外，装备制造企业基于大数据深入挖掘分析，可形成面向生产研发的决策服务信息，帮助企业把握清洁能源装备的发展方向，为产品优化升级提供数据支撑，并从根本上提高电站发电运行安全和运行质量。

（1）运维监测系统及时反应。

Enphase Energy（美国Enphase能源股份有限公司）每天从来自80个不同国家和地区25万个系统收集大约2.5TB的数据。这些数据可以用来检测发电和促进远程维护、维修来确保系统无缝运行。另外，Enphase Energy还利用从发电系统收集到的数据来监测、控制或调整网络中的发电和负载状态，在电网出错或需要升级时做出相应的反应。

（2）设备检修运维专题分析。

电力企业可以基于自研发的一站式大数据分析平台开展各业务领域的深度分析，如在电网检修运维领域，通过对电力设备资产管理、设备运检管理、设备技术管理、技改大修管理等方面，从安全、效益、成本三个方面进行关键指标选取，分析检修管理中"安全""效益""成本"三者之间的相互影响，协调三个因素综合最优，同时实现对电网企业检修指标的实时在线监控，为公司检修策略制定提供指导和服务。

（3）预防基础设备故障导致的停电。

在 AEP（American Electric Power Company, Inc., 美国电力有限公司）的资产健康中心，数据分析师把设备派生的运行信息和智能信息应用程序结合在一起。通过采用大数据算法和分析软件，他们可以密切监测传输基础设施的运行情况。AEP使用智能电表、通信网络和数据管理系统得到稳健的常规信息。智能电网技术使客户更有效地用电和合理管理用电成本，收集到的数据也有助于该公司为客户定制电力管理程序和提供个性化定制服务。

早在2012年，GE（美国通用电气公司）就提出了工业互联网的理念，即传感器＋大数据=工业互联网。GE的工业互联网构想诞生于数年前的金融危机时期。随着经济增长的不确定性增加，工业客户开始将注意力从提高生产力转向提高利润率。大数据的概念也越来越火爆，制定GE产品的"数据战略"。以毫秒级捕获传感器数据（如主轴传感器、齿轮箱传感器和定子传感器等），监控单台风力发电机运行状态；以秒级捕获传感器数据，监控风机位置、彼此协作情况，保证发电场以最优状态工作；以分钟级捕获传感器数据，监控输电状态、效率。

（4）电站监控与运维。

清洁大数据可服务于清洁能源发电项目的监控与运维。基于风光资源数据及发电运行数据，对发电项目进行运行监测、分析与运行效率评价，为提高项目运行管理水平提供支撑；基于清洁能源大数据的信息挖掘与智能预测，对发电设备的运行管理进行精准调度、故障诊断和状态检修；基于大数据处理的优势，可实现从线上实时监控到线下运维的及时无缝对接，从远程故障诊断到线下同步维护，真正实现高效的协同运维。基于大数据的电站监控与运维，将从根本上提高运行效能、运行安全和运行质量。

比如，作为国内最早上线的光伏监控云平台之——"绿色电力网"，通过光伏数据采集器，可监测光伏电站统计的实时运行数据，主要包括今日实时发电量、昨日发电量、电站实时效率、每千瓦发电量和电站状态图形；当光伏设备发生故障时，可以获取故障提醒；当设备出现离线时，可以获取智能离线预警；此外在对光伏数据进行深入分析的基础上，还可以进行发电量预测、光伏系统评估等。

3. 清洁能源消纳与调度

随着风力、光伏发电的渗透率越来越高，需要通过对新能源电站进行实时发电数据监测，使风、光发电数据参与整个电网的实时电力调度之中，支撑电网对光伏发电的优化调度，降低含大规模光新能源发电接入的电网运行风险，提升网源协调控制水平，增强光伏发电的消纳能力，进而实现能源消费和能源生产分配的优化。比如，

2015年3月20日，借助实时光伏数据监测平台PV Leistung in Deutschland，德国对其全国范围内的光伏发电量进行实时监测，这不仅给出了光伏发电系统在日食期间的发电能力，也为德国电网应对日食进行电力调度给出了坚实的依据。

（1）打击电力盗窃，降低损失。

根据Northeast Group，LLC.（位于美国华盛顿的东北集团有限责任公司）的《能源市场智能电网：2015年展望研究》报告，每年全球因电力盗窃损失893亿美元。而智能电网技术可以帮助电力企业打击每年价值几百万美元的电力盗窃。位于意大利的Enel是全球最大的电力企业之一，在40个国家和地区经营有6.7亿台电表。在意大利，Enel整合处理了来自11个遗留系统超过500亿行的数据，同时已经识别出93%的盗窃案或其他非技术性损失的可能因素，这是世界上最大的智能电网分析系统。仅仅在意大利，它每年的收入保护和预测性资产维护分析的经济效益估计超过3.5亿欧元。

（2）利用分析降低变压器更换成本。

PSE&G（公共服务电力和燃气公司）是美国最大型的综合电力和燃气公司之一，为180万燃气用户和220万电力用户提供服务。2017年，它拥有的资产价值约170亿美元，年收入近80亿美元。PSE&G实施了一个计算机化维护管理系统（Computerized Maintenance Management System，CMMS）来辅助维修、更换以及对包括变压器和其他设备等资产的维护决策。根据湿度、介电强度、可燃气体变化率和冷却性能等多种因素，来为变压器进行分析，生成设备状况分数。他们根据资产更换（预测）算法，对设备状况分数和其他因素（年代，备件可用性）进行分析，以此来决定更换变压器的适当时间。PSE&G还对实时传感器采用了先进的分析来跟踪各种操作指标。分析的应用帮助该公司在故障发生前发现问题，进行补救，在避免设备故障上节约了数百万美元。该公司也决定主动通过使用分析模型来更换一些变压器，而不是出了问题后再更换。这帮助该公司在25年中节约了1亿多美元。

6.4.3 在能源投资交易领域的应用

1. 能源项目评级与融资

随着电站投资队伍中逐步出现基金、信托等角色，以及银行对于清洁能源电站贷款的普及，电站评级与融资平台就必然会出现。基于大数据，可对包括光伏和风电发电项目的技术水平、实际状态及财务状况进行评价，进行项目估值及风险评估，为项目融资、并购、转让提供技术保障。

比如，作为国内最早推出的光伏电站评级体系——阿波罗评级，从政策、商务到技术等方面，对光伏电站全周期存在的风险进行全方位评估，帮助资本与资产的顺利对接；全民光伏与上海冰鉴进行了光伏大数据征信方面的合作，通过互联网平台和大数据征信的方式,为分布式光伏项目、交易买卖双方和第三方服务方建立一套信用评级体系,为分布式光伏电站提供融资服务和金融保险服务。

2. 能源预测与交易

随着输配电价的核定与电力市场的不断放开,广大光伏电站也将逐渐通过售电商代理集成等方式参与电力市场交易。而这些,对光伏发电数据的实时监测及预测尤为重要,其实时发电量数据将成为电价制定参考依据之一。

6.4.4 在能源消费领域的应用

1. 实现用户侧资源优化利用

(1) 用户侧资源优化利用的发展趋势与挑战。

能源供应作为典型公共服务具有实时性,对通信网络和数据分析机制提出了新的业务需求。其中电力业务的多样性决定了其通信网络需要支撑功能灵活、可编排、高可靠、高隔离、毫秒级超低时延等拥有极致通信能力的网络,决定了其数据分析机制需要支撑海量、多样化数据处理以及多场景、多目标等拥有多功能处理数据的机制。新设备、新场景、新业务的出现对能源供应的质量提出更高的要求。例如,一些高科技数字设备要求供电的"零中断"。另外,从电网运营角度对资产利用效率的要求也在逐步提高,如提高设备利用率、减低容载比、减少线损等,需要对电网的负荷与供电进行更精确的调整。随着分布式能源接入、电动汽车服务、用电信息采集、配电自动化、用户双向互动等业务快速发展,各类电网设备、电力终端、用电客户的通信需求爆发式增长,各种传感器组成的无线传感器网络需要服务无处不在地采集、传输,迫切需要实时、稳定、可靠、高效的信息通信技术及系统支撑,新的电力服务和交易平台更需要优质网络保证。

(2) 在用户侧资源优化利用。

优化电网负荷峰谷调节。能源电力消耗需要实时监控和分析,以便为终端用户提供高效且连续的服务。5G通信网络可以为电力用户用电信息采集提供海量接入和准时实时数据上报的强大技术支持,协助系统完成电力用户用电信息的采集、处理和实时监控,实现用电信息的自动采集、计量异常监测、电能质量监测、用电分析和管理、相关信息发布、分布式能源监控、智能用电设备的信息交互等功能。

优化供用电控制。随着电力可靠供电要求的逐步提升,要求高可靠性供电区域能够实现电力不间断持续供电,将事故隔离时间缩短至毫秒级,实现区域不停电服务。这对集中式配电自动化中的主站集中处理能力和时延等提出了更加严峻的挑战,因此智能分布式配电自动化成为未来配网自动化发展的方向和趋势之一。其特点在于将原来主站的处理逻辑分布式下沉到智能配电化终端,通过各终端间的对等通信,实现智能判断、分析、故障定位、故障隔离以及非故障区域供电恢复等操作，从而实现故障处理过程的全自动进行，最大可能地减少故障停电时间和范围，使配网故障处理时间从分钟级提高到毫秒级。因此基于5G技术的智能分布式配电自动化项目将显著提升配网供电可靠性，让停电区域面积更小、居民停电次数更少、来电等待时间更短、客户用电满意度更高。

优化电网负荷控制。电力负荷控制是落实用电负荷管理的技术手段，其原理就是跟踪检测用电负荷的大小，当负荷超过所设定的负荷定值时，先报警提示，后跳闸切断负荷。传统配网由于缺少通信网络支持，切除负荷手段相对简单粗暴，通常只能切除整条配电线路造成大规模的停电，是电力的痛点之一。随着用电需求的增加，将有更多的发电机投入使用，智能电网中的精准负荷控制可以帮助公用事业改善此痛点。基于5G网络支持，通过对电网中监视控制与数据采集系统（SCADA）与深入至用户侧的高级测量体系（AMI）所得到的电网运行数据资源和用户侧数据资源的实时传输、处理和反馈，毫秒级负荷控制可以灵活地管理用户的可中断负载，控制对象精准到生产企业内部的可中断负荷，既满足电网紧急情况下的应急处置，同时仅涉及经济生活中的企业用户，且为用户的可中断负荷，又将经济损失、社会影响降至最低。

优化多源网络稳定性。可再生能源发电等新型分布式电源是一种建在用户端的能源供应方式，可独立运行，也可并网运行。可再生能源的并网一方面给电网功率平衡、运行控制带来困难，使配电网由功率单向流动的无源网络变为功率双向流动的有源网络；另一方面，分布式电源接入是电网发展中不可缺少的重要环节。分布式电源集成到电网中可带来巨大的效益，除了节省对输电网的投资，还可提高全系统的可靠性和效率，提供对电网的紧急功率和峰荷电力支持，此外还为系统运行提供了巨大的灵活性。而过去传统配电网的设计并未考虑分布式电源的接入。在并入分布式电源后，网络的结构发生了根本变化，从原来的单电源辐射状网络变为双电源甚至多电源网络，配网侧的潮流方式更加复杂。用户既是用电方，又是发电方，电流呈现出双向流动、实时动态变化。因此，配电网亟须发展新的监控和通信系统，实现分布式电源运行监视和控制，增加配电网的可靠性、灵活性及效率。

2. 能源消费模式精准分析

基于工业互联网、大数据技术的数据与服务共享技术，打造基于互联网、物联网的多式联运智慧能源管理服务平台。在不同运输方式、不同地区、不同企业主体之间构建合作网络，推动铁路与煤炭、港口及物流园区等企业的数据共享、信息互通。

（1）数据与能源消费模式分析。

我国GDP单位能耗与发达国家相比较高，节约能源与提高能源利用效率、改善能源结构任重而道远。随着数据传输和处理、数据挖掘和机器学习等大数据技术的发展，能源消费领域部分难以攻克的问题得到了解决。在大数据时代，大数据分析技术用于帮助能源消费模式领域的研究，具体如：利用大数据和云计算技术，存储与分析能源消费数据，更准确地探索能源消费模式。以电能消耗为例，随着智能电网与智能电表的普及，每天都能产生并储存大量的电力消费数据。利用大数据技术可以存储和分析大量的能源消费数据，并且可以利用当前先进的机器学习方法探索能源消费模式。例如，从时间的角度可以利用居民能源消费数据探索居民能源日、周、月、季、年消费模式。在此基础上，进一步研究每一类能源消费模式背后所隐藏的能源消费行为。能源消费预测在降低居民电力消费方面发挥着重要作用，是制定用能个性化干预策略的基础。

国内外从多个方面基于大数据对能源消费模式进行了研究。有研究利用大数据结合已有行为学理论框架研究影响能源消费行为以及影响行为的关键因素。其中社会认知理论、社会规范理论、理性行为理论、计划行为理论、目标导向行为模型、价值-信念-规范理论、规范激活理论常用于研究能源消费行为特征，在此基础上通过设计一个合理的研究框架，通过大数据理论发掘影响能源消费特征关键因素。有研究利用机器学习算法对居民电力消费模式进行研究。通常聚类算法用于居民电力消费模式挖掘。根据聚类算法结果，发现典型的电力消费群体以及群体能源消费行为。此外，国内外还有关于能源消耗量预测的研究。有学者通过采用时间序列模型对能源消耗进行预测，另一部分学者采用机器学习模型对能源消耗进行预测。

（2）数据在能源消费模式中的应用。

①能源消耗量监测与预测。

能源是人类社会赖以生存和发展的物质基础，在国民经济中具有特别重要的战略地位。对于部分能源，如石油资源，我国拥有量不高，未来生产能力也有限。为了科学、有序及高效地发展能源产业及其替代产业，需要对中国未来的能源消费量进行较为精确的预测分析。大数据的方法可以敏锐地捕捉过去能源消耗量所包含的信息，给出比传统方法更有效的预测。有学者通过采用改进的Logistic模型描述能源消耗量随时间变化的过程，并在石油产业实现应用，得到了中国未来石油消费量的预测值。该数值可为中国石油规划提供可靠的基础数据支持。

基于大数据、工业互联网的负荷检测、分解技术应用非常广泛，对智慧能源的发展、用户互动化服务、需求响应支撑、用户节能等方面意义重大。通过实际的用户验证进行数据采集方案的可行性验证、用户用电负荷分解模型的可用性验证以及基于用户用电负荷分解的结果数据进行居民用户能效分析与用能建议，适用性强，意义重大。

②用户画像与用能模式识别。

基于工业互联网、大数据的用户画像与用户行为特征分析。用户画像作为真实用户的虚拟代表，是建立在一系列真实数据上的用户模型。这些由数据组成的用户画像可以再现用户的全貌，是企业挖掘用户需求和价值、进行用户分类和精准营销的基础。能源用户的画像对需求响应的实施和制定有重要意义。智能量测终端的大量投入和非侵入式负荷分解技术的发展使能源用户的数据得以实时采集，并且大数据算法迅猛发展，这些采集的数据的相关性和关联性反映了用户用能习惯和行为特性。利用这些数据建立的用能特征可为需求侧响应提供决策依据。

基于大数据的用能模式识别。近年来能源紧张和环境恶化问题日益凸显，节能和环保已经逐渐成为影响经济和社会发展的两大重要议题。早在2013年，IEEE电力系统年会中就有较多有关基于大数据的用能模式识别研究被提出。在很多情境下，如制冷空调学科中，能源节约和环境友好是两个主要的研究重点。在美国采暖、制冷与空调工程师学会资助的RP-1043项目中，普渡大学以90冷吨商用离心式冷水机组为研究对象构建了冷水机组热力故障数据库表，给出了对应的故障实验设计思路与产生方式。实际上，部分能源系统由于不规则变化的室外气象参数和用户设定的条件下，其实际运行状态复杂多变，多显示强非线性、耦合性。因此，为了排除能源系统、用户设备的故障状态，识别用能模式和异常工况，防止系统运行性能强烈下降后果的发生。学者通过大数据算法实现模式识别，实现了较好的经济效益和环保效益。

③能源消耗模式发展预测与相关因素分析。

能源消耗模式发展预测。在时间维度下，用能模式不是一成不变的，它会受到社会、经济等一系列因素的影响。随着历史进程的发展，用户用能模式也在发展。为了更准确地实现能源消耗模式的分析，需对其未来发展趋势进行预判。其中最关键的环节之一，就是对与之耦合的时代发展趋势进行耦合发展分析，如城镇化的进行。有学者对城镇化与能源消费的耦合发展态势进行了实证分析，提出城镇化与能源发展目前处于颉颃阶段。影响能源消费模式发展的因素众多，如经济因素、市场因素等。将这些因素纳入考虑可以促进能源消耗模式合理发展。

能源消耗模式相关因素分析。人均能源消耗水平不断提高，在生活得到保障的同时，基于大数据分析能源消耗模式的相关因素可以帮助企业更好地把握时代条件，积极引导用户能源消耗模式朝健康合理的方向发展。20世纪初萌生了消费者生活方式分析法，并被广泛应用于用户能源消耗问题中，使对家庭具体活动能源消耗的研究成为可能。有学者选取我国家庭居民用能为切入点，重点研究家庭能源消耗，以大数据理论为依托，探讨并实证了人口年龄结构对能源消耗模式的影响，对人口因素之于家庭能耗模式的影响得出了结论。

④引导用户智慧用能模式建设。

近年来，我国对智慧能源的相关技术发展给予了高度重视，用大数据对用户能源消耗模式的智能化发展提供支撑成为大势所趋。2009年加拿大国会通过了推动新型能源网发展相关研究的报告，未来将构建覆盖加拿大全境的新型社区能源网络，以实现2050年温室气体的减排目标和解决能源问题。欧洲最早提出综合能源系统，多能源协调优化的研究在欧盟第五框架中被置于显著位置。当前阶段，我国智慧能源系统的关键技术逐渐成熟，已经应用于一些实际商业化运行的项目。未来大数据引导的智慧能源系统是通过区域对用户的能源生产、传输、分配、转换、消费等环节实现一体化的系统，将各种能源实现物理互联。该系统以分布式电源、储能设备、能源转化设备、能源传输设备、智能计量设备为支持，并包含了智慧能源系统规划设计技术、信息保障技术、运行优化技术、用户侧资源优化利用技术等关键技术。相关的大数据技术已经成为各国各能源领域关注的重点。

3. 基于能源数据改善客户体验实践

大数据分析能帮助电力企业提升运营效率和改善客户体验。运营效益包括收益保证、网络和产品管理、需求预测、资产管理和支撑功能优化。类似地，分析有助于通过客户关系优化、主动营销以及定制优惠和服务来改善客户体验。

Gulf Power（海湾电力公司，位于美国佛罗里达州）使用大数据分析后确认，假如停电，恢复供电的时间如果能比用户预期时间早10分钟，客户满意度是最高的；如果在预期恢复供电时间两个多小时前恢复供电，会对客户满意度的产生负面影响。理解了类似的指标，能够帮助电力企业解决它们最大的客户体验挑战。德国电力公司的一位高管证实提高客户满意度会提高客户留存率。他解释道："分析让你在现有合同上用个性化的优惠活动与客户良好沟通。这种方式会大幅提高客户的留存率。"事实上，像EDF Energy这样的电力企业已经通过大数据分析来减少客户流失，每年节省高达3 000万美元的成本。

负荷研究是一种用来分析各种客户群体（住家、商业和工业）的客户消费模式的过程，它有助于评估电力公司为每个特定的群体服务的成本。研究人员认为，利用AMI（量测基础设施）和数据捕获能力，每一个计量点和智能电网启用的设备可能有助于这项研究。Lakeland Electric（美国莱克兰电力公司，总部位于佛罗里达州）利用这些新技术完成了对电力服务的成本检查。除了解决对额外收入的需求外，该公司还能够设计供客户选择的替代费率，一方面降低电力高峰需求，另一方面客户也在此过程中节省资金。这不仅有效减少高峰期的电力故障，也提升了用户体验，提高了用户留存率，使该企业拥有更好的口碑和知名度。

通过数据分析有效提升电力行业营销服务水平。电力用户可以基于永洪一站式大数据分析平台，将更多的明细数据提供给业务部门，由业务部门自服务完成数据应用。通过对客户服务与客户关系、电费管理、电能计量及信息采集、市场与有序用电、新型业务、综合管理等方面的分析，掌握营销业务重点工作的开展情况，实现对客户服务、电费管理、智能电表、有序用电实施和能效管理成效、新型业务及营销稽查工作质量指标进行有效监测。

基于能源工业互联网平台的市场交易服务。随着市场化改革和能源互联技术的发展，能源市场将涌现出更多交易主体。以电力为例，除了现有市场中，如发电企业、电网企业等少数经核准的主体，未来的交易主体和市场构成将更为丰富广泛，各类售电公司、园区、楼宇，甚至个体用户都可能发掘自身的网络接口，不同程度地参与能源互联网交易市场。对于市场结构动态变化，市场管理部门将制定明确的市场准入与退出机制，在满足相应要求的前提下，交易主体可自由选择参与或退出市场。这将充分发挥市场作用，使其结构实现更为灵活的动态变化，从而提升资源协调优化配置的效率，同时加强市场的适应性。

6.5 智慧能源管理服务云平台建设运行规范

6.5.1 总体目标

1. 满足政府和行业标准化工作的基本要求

一是贯彻执行国家有关标准化的法律、法规、方针、政策。二是实施国家标准和行业标准以及与公司有关的地方标准。三是积极研究国际标准和国外先进标准。四是建立并运行国家和政府、行业标准体系。五是制定和应用公司标准。六是对标准的实施进行监督检查、评价改进。

2. 满足行业产业标准体系建立的总要求

一是行业产业标准应符合国家有关法律、法规，贯彻执行有关国家标准和行业标准，考虑地方标准中与公司有关的要求和规定。二是行业产业标准应能满足能源行业生产、技术和经营管理的需要。三是应用GB/T 19001、GB/T 24001、GB/T 28001等国家管理标准和先进管理工具，建立与能源行业产业相关业务体系和管理流程高度融合、有机统一的标准体系。四是按照平台化运作要求，自上而下，统一制定和实施基础标准、技术标准、管理标准和工作标准。五是制定并实施行业产业标准体系，实现技术标准全业务覆盖、管理标准全流程覆盖、工作标准全岗位覆盖。六是技术标准、管理标准和工作标准之间应相互协调。七是运用标准化方法构建公司管理体系，创建公司管理模型。

3. 符合智慧能源管理服务中心组织和管理需要

梳理优化智慧能源管理服务业务和管理流程，建设管理体系高度统一、相互协调的标准体系，编制技术标准、管理标准和工作标准，实现技术标准覆盖全业务、管理标准覆盖全流程、工作标准覆盖全岗位。

技术标准覆盖全业务，指技术标准体系应覆盖能源大数据相关的电网规划、工程设计、项目评审、技术经济研究、标准制定及其他相关研究工作。

6.5.2 主要依据

1. 能源企业标准体系建设方案

智慧能源管理服务标准体系建设中，应以提升核心技术实力为根本，以构建科学规范的业务运营管理机制为支撑，以优秀人才队伍建设为保障，建立考虑基础标准体系、技术标准体系、管理标准体系和工作标准体系，从根本上推进"两个转变"（即转变公司发展方式、转变电网发展方式），为实现能源大数据的战略目标奠定基础。

2. 企业标准体系国家系列标准

GB/T 13016—2018《标准体系构建原则和要求》、GB/T 13017—2018《企业标准体系表编制指南》、GB/T 15496—2017《企业标准体系 要求》、GB/T 15497—2017《企业标准体系 产品实现》、GB/T 15498—2017《企业标准体系 基础保障》、GB/T 19273—2017《企业标准化工作 评价与改进》等，是国家制定的企业标准体系系列国家标准。GB/T 13016—2018《标准体系构建原则和要求》和GB/T 13017—2018《企业标准体系表编制指南》是进行标准体系策划的指南，GB/T 15496—2017标准是开展标准化工作的重要指导性文件，GB/T 15497—2017、GB/T 15498—2017标准是建立标准体系的基本要求，GB/T 19273—2017为标准体系评价和改进机制提供了具体方法。

3. 国际管理体系标准

ISO9001《质量管理体系要求》是标准体系建设的重要内容和基本要求。贯彻ISO9001标准有利于进一步提升产品、服务和工作质量；落实ISO14001标准有利于进一步提高智慧能源管理服务的应用，促进节能减排、环境保护的意识和责任。

4. 流程管理、精益管理、绩效管理等先进管理技术

流程管理、对标管理、量化考核、全面风险管理等都是建立标准体系的管理工具。

6.5.3 主要特征

1. 协调标准与制度

建立管理标准与规章制度协调配套机制。对于重复性、共同性的管理事项，制定并推行管理标准。对于非重复性或临时性、不成熟的管理事项，可制定规章制度。确保管理标准与规章制度的唯一性和互补性，确保不重复交叉、不冲突矛盾。

2. 推动机构规范

统一规范的组织结构和岗位设置，将有利于标准的制定和实施。标准体系建设应用统一的组织机构，结合实际，编制管理标准。组织各部门、单位依据统一的工作标准范本，编制各自的工作标准。通过推行标准体系标准，进一步推动单位管理同质化。

3. 紧密结合信息化

开展标准与ERP及其他信息管控系统的融合工作。将各种标准条款对应分解为工作表单，进行定量描述和流程植入，把技术标准、管理标准、工作标准的指标和要求落实到业务和管理工作中。通过SG-ERP信息系统固化工作表单，使标准体系贯穿SG-ERP信息系统，应用信息化手段实现管理的刚性约束。

6.5.4 关键技术

1. 数据准备技术

（1）数据表示。

数据是描述对应用程序很重要的现实世界的信息资源。数据描述物、人、产品、项目、客户、资产和记录等，数据表示通过对于信息资源的分类、编码以及格式等内容进行分析规范，使信息数据能够快速、高效、准确地被计算机识别，从而使采集上来的数据能够更好地为应用服务。表示数据的过程需要数据结构分析、文档准备和对等检查等。其最终结果是应用程序有关信息记录的概念性视图，回答数据"是什么、在哪里、何时以及为什么"等问题。数据表示的最终目标是将这些信息转化为计算机能够识别的语言，并存储起来。

（2）元数据注册。

元数据是描述对象的数据，用于说明对象的相关特征。对于某个对象的元数据描述，可以避免在不同环境、语境以及不同视角下对同一对象的差异化描述，确保对象描述的唯一性。大数据环境下由于数据获取与表现方式存在不同，所以数据类型有多种，包括声音、图像、视频、文本等。由于记录信息的角度不同、信息获取的方式不同，导致不同类型的数据在具体的数据处理和表现上也有着本质的差别。因此，在大量数据对于同一对象的不同描述中，如果能够提前对该对象的元数据进行注册，并在描述该对象时通过元数据的相关表示规范进行描述，可以有效地将对象内容中的唯一特性表示出来，从而为包含该对象的相关应用打下良好的基础。

（3）本体元建模。

源于哲学范畴的本体论（Ontology）在计算机科学技术领域，尤其是知识工程领域率先得到了应用。近年来，本体论已被广泛地应用于信息与知识的分类和表达领域，应用领域的本体得到了共享与重用。利用本体对应用领域相关知识进行建模能够有效地支撑信息的语义共享，本体及其形式化规范还能够应用于人-机通信、机-机通信与信息交换，有力地支撑系统的语义集成与互操作，推动了语义服务计算的工程化进程。本体建模具有开放、伸缩地定义和描述语义关联的特性，从而具有随实际问题的语义丰简、智能化程度的需要，开放地表达与构造软件实体的语义行为能力。结合本体的建模理论与技术是大数据环境下，对于知识挖掘、信息潜在价值发现的重要技术支撑。

2. 数据存储技术

（1）分布式文件系统。

分布式文件系统将大规模海量数据用文件的形式保存在不同的存储节点中，并用分布式系统进行管理。其技术特点是为了解决复杂问题，将大的任务分解为多个小任务，通过让多个处理器或多个计算机节点参与计算来解决问题。分布式文件系统能够支持多台主机通过网络同时访问共享文件和存储目录，使多台计算机上的多个用户共享文件和存储资源。分布式文件系统架构更适用于互联网应用，能够更好地支持海量数据的存储和处理。基于新一代分布式计算的架构很可能成为未来主要的互联网计算架构之一。

（2）数据仓库。

传统数据库并非专为数据分析而设计，数据仓库专用设备的兴起表明面向事务性处理的传统数据库和面向分析的分析型数据库走向分离。数据仓库专用设备，一般会采用软硬一体的方式。这类数据库采用更适于数据查询的技术，以列式存储或MPP（大规模并行处理）技术为代表。数据仓库适合于存储关系复杂的数据模型（例如企业核心业务数据），适合进行一致性与事务性要求高的计算，以及复杂的BI（商业智能）计算。在数据仓库中，经常使用数据温度技术、存储访问技术来提高性能。

（3）非关系型数据库技术（NoSqL）。

相比传统关系型数据库，NoSQL数据库发展的原因是数据作用域发生了改变，不再是整数和浮点等原始的数据类型，数据已经成为一个完整的文件。这对数据库技术提出了新的要求，要求能够对数据库进行高并发读写、高效率存储和访问，要求数据库具有高可扩展性和高可用性，并具有较低成本。NoSQL使数据库具备了非关系、可水平扩展、可分布和开源等特点，为非结构化数据管理提供支持。目前NoSQL数据库技术大多应用于互联网行业。

3. 服务平台技术

（1）面向服务的体系结构（Service-oriented Architecture，SOA）。

SOA是近年来软件规划和构建的一种新方法，以"服务"为基本元素和核心。最早由国际咨询机构Gartner公司于1996年提出，2003年以后成为我国软件产业界关注的重点，并得到众多行业的广泛应用。SOA是大数据的重要支撑技术，通过"服务"的方式支撑实现大数据的跨系统汇聚、共享、交换、分析、管理和访问。我国在SOA

广泛应用实践的基础上推动了标准化工作，形成了支撑各类应用的服务技术架构系列标准，并在智慧城市、电子政务等众多信息化领域取得了成功实践，具备了支撑大数据发展的良好基础。

（2）MapReduce框架。

MapReduce是一个软件架构，用于大规模数据集（大于1TB）的并行运算。MapReduce框架是Hadoop的核心，但是除了Hadoop，MapReduce上还可以有MPP（列数据库）或NoSQL。当处理一个大数据集查询时，MapReduce会将任务分解并在运行的多个节点处理。当数据量很大时，一台服务器无法满足需求，分布式计算优势就体现了出来。MapReduce有将任务分发到多个服务器上处理大数据的能力。HDFS（Hadoop Distributed File System）的重要内容就是对于分布式计算，每个服务器都具备对数据的访问能力。

HDFS与MapReduce的结合，使在处理大数据的过程中计算性能得到保障。当Hadoop集群中的服务器出现错误时，整个计算过程不会终止；同时HDFS可保障在整个集群中发生故障错误时的数据冗余；当计算完成时将结果写入HDFS的一个节点之中。HDFS对存储的数据格式并无苛刻的要求，数据可以是非结构化或其他类别。

Hadoop是MapReduce框架的一个典型的应用。Hadoop的可靠性是因为它假设计算元素和存储会失败，因此维护多个工作数据副本，确保能够针对失败的节点重新分布处理；Hadoop高效性是因为它以并行的方式工作，通过并行处理加快处理速度；Hadoop还是可伸缩的，能够处理PB级数据。

4. 数据处理技术

（1）数据挖掘和分析技术。

数据只有通过分析才能获取很多智能的、深入的、有价值的信息。越来越多的应用涉及大数据，而这些大数据的属性与特征，包括数量、速度、多样性等，都是呈现了不断增长的复杂性，所以大数据的分析方法就显得尤为重要，可以说是数据资源是否具有价值的决定性因素。

大数据分析的理论核心就是数据挖掘。各种数据挖掘算法基于不同的数据类型和格式，可以更加科学地呈现出数据本身具备的特点，正是因为这些公认的统计方法，使深入数据内部、挖掘价值成为可能。另外，也是基于这些数据挖掘算法才能更快速地处理大数据。大数据分析的使用者有大数据分析专家，同时还有普通用户，二者对于大数据分析最基本的要求是可视化。可视化分析能够直观地呈现大数据特点，同时能够非常容易被使用者接受。

大数据分析离不开数据质量和数据管理，高质量的数据和有效的数据管理，无论是在学术研究领域还是在商业应用领域，都能够保证分析结果的真实和有价值。数据挖掘和分析的相关方法包括神经网络方法、遗传算法、决策树方法、粗集方法、覆盖正例排斥反例方法等。

（2）内存计算（In-Memory Computing）。

内存计算，实质上是CPU直接从内存而非硬盘上读取数据，并对数据进行计算、分析。此项技术是对传统数据处理方式的一种加速，是实现商务智能中海量数据分析和实施数据分析的关键应用技术。

内存计算适合处理海量的数据，以及需要实时获得结果的数据。比如可以将一个企业近十年几乎所有的财务、营销、市场等各方面的数据一次性地保存在内存里，并在此基础上进行数据分析。当企业需要做快速的账务分析或要对市场进行分析时，内存计算能够快速地按照需求完成。相对于磁盘，内存计算的读写速度要快很多倍。内存计算可以模拟一些数据分析的结果，实现对市场未来发展的预测，如需求性建模、航空天气预测、零售商品销量预测、产品定价策略等。

（3）流处理技术。

在大数据时代，数据的增长速度超过了存储容量的增长，在不远的将来，人们将无法存储所有的数据，同时，数据的价值会随着时间的流逝而不断减少，此外，很多数据涉及用户的隐私无法进行存储。对数据进行实时处理的流处理技术获得了越来越多的关注。

数据的实时处理是一个很有挑战性的工作，数据流本身具有持续达到、速度快且规模巨大等特点，因此通常不会对所有的数据进行永久化存储，而且数据环境处在不断地变化之中，系统很难准确掌握整个数据的全貌。由于响应时间的要求，流处理的过程基本在内存中完成，其处理方式更多地依赖于在内存中设计巧妙的概要数据结构，内存容量是限制流处理模型的一个主要瓶颈。以PCM（相变存储器）为代表的SCM（Storage Class Memory，储存级内存）设备的出现或许可以使内存未来不再成为流处理模型的制约。

对数据流的理论及技术的研究已经有十几年的历史，目前依旧是研究热点。当前得到广泛应用的很多系统多数为支持分布式、并行处理的流处理系统，比较具有代表性的商用软件包括IBM的Stream Base和Info Sphere Streams，开源系统的Twitter的Storm等等。

5. 平台安全与隐私

与当前其他的信息一样，大数据在存储、处理和传输等过程中面临安全风险，具有数据安全与隐私保护需求。而实现大数据安全与隐私保护，较以往其他安全问题更为棘手，因为，在大数据背景下，这些大数据运营商既是数据的生产者，又是数据的存储、管理者和使用者，因此，单纯通过技术手段限制商家对用户信息的使用，实现用户数据安全和隐私保护是极其困难的。大数据收集了各种来源、各种类型的数据，其中包含了与用户隐私相关的很多信息。大量事实表明，大数据未能妥善处理会对用户的隐私造成极大的侵害。很多时候人们有意识地将自己的行为隐藏起来，试图达到隐私保护的目的，但是，在大数据环境下，我们可以通过用户零散数据之间的关联属性，将某个人的很多行为数据聚集在一起时，他的隐私就很可能会暴露，因为有关他的信息已经足够多。这种隐性的数据暴露往往是个人无法预知和控制的。在大数据时代，人们面临的威胁并不仅限于个人隐私泄露，还在于基于大数据对人们状态和行为的预测。例如零售商可以通过历史记录分析，得到顾客在衣食住行等方面的爱好、倾向等；社交网络分析研究也表明，可以通过其中的群组特性发现用户的属性，例如通过分析用户的微博等信息，可以发现用户的政治倾向、消费习惯以及其他爱好等。

对大数据中的用户数据和隐私进行保护，必须解决好大数据时代数据公开和数据安全与隐私保护之间的矛盾，如果仅仅因为担心数据安全和隐私问题而不公开数据，则大数据的价值无法体现，因此，大数据时代的隐私性主要体现在不暴露用户敏感信息的前提下进行有效的数据挖掘。这有别于传统的信息安全领域更加关注文件的私密性等安全属性。根据需要保护的内容不同，隐私保护又可以细分为位置隐私保护、标识符匿名保护和连接关系匿名保护等。但大数据时代的数据快速变化给隐私保护带来了新的挑战，因为现有隐私保护技术主要基于静态数据集，我们必须考虑如何在这种复杂环境下实现对动态数据的利用和隐私保护。当前很多组织都认识到了大数据的安全问题，并积极行动起来关注大数据安全问题。2012年，云安全联盟CSA组建了大数据工作组，旨在寻找针对大数据中的安全和隐私问题的解决方案。

6.5.5 执行保障规范

以智慧能源管理服务发展战略为统领，按照标准体系运行实施工作要求，落实标准化管理标准的有关要求，建立标准化管控体系和运行机制。

1. 加强监督，持续改进

一体化管理标准监督检查采取统一领导、分级管理、分工负责相结合的方式，对标准体系的运行实施情况实行全过程监督管理。通过对标准贯彻执行情况的督促、检查，提高标准的执行力。定期组织对标准体系运行情况进行自我评价，提出评价意见，针对发现的共性问题、难点问题，按照P-D-C-A（计划—实施—检查—改进）管理模式，通过实施纠正措施和预防措施，加以分析和改进，促使标准更加科学、合理，并符合管理实际。数据应用需求强烈，只有加强数据表示、数据分析、数据存储、数据质量、数据安全体系、大数据集互操作性等大数据核心技术的研究，才能为大数据应用提供技术保障。

2. 加强平台运行服务相关政策法规研究

基于工业互联网的智慧能源管理服务是一项新兴技术。这一技术将带来产业结构和管理方式的改变，同时各类数据本身也是国家重要的基础信息资源。因此建议从国家层面，系统地开展数据相关方权利和义务、数据各个业务环节基本操作规程、数据内容保护、个人隐私保护等各方面政策法规研究，保障数据内容安全可控，产业和应用规范发展。

3. 推动开放数据集建设

开放数据集是大数据发展重要的数据来源之一，也是我国重要的信息资源。因此建议从国家层面，系统地开展安全可控的开放数据集建设。从科学数据、科学论文等公共资源入手，建设科学领域开放大数据集；从国家层面，逐步建立分层管理、自主可控的工业产品数据集；鼓励商业企业开放原始数据或处理后数据；在科学数据、工业数据、商业数据研究的基础上，逐步探索政府开放平台等经验，加强运行机制研究与建设，加快推进政府信息资源共享；循序渐进建立特定主题的数据监测系统，如在交通、能源、医疗、自然灾害等专题建立基础数据库，加强大数据集间互操作性研究。为大数据发展提供基础，推动国家基础数据安全可控、开放共享，促进大数据成果广泛应用。

4. 加快大数据标准化人才

大数据人才是领域发展的核心资源。2018年3月21日，教育部公布了2017年度普通高等学校本科专业备案和审批结果，283所高校获批数据科学与大数据专业。这标志着我国大数据人才培养进入了具体实施阶段。标准作为技术、产业发展的顶层支撑，也亟须加快相关人才队伍培养。建议在全国范围内组织开展大数据标准宣贯培训活动，培养掌握技术和实施方法论的专业人员；鼓励和支持行业协会、高等院校科研所设立标准化相关研究机构，鼓励和支持行业协会、高等院校科研所设立标准化相关研究机构，大力培育标准化科研人才；编制数据管理能力标准宣贯培训教材，指导第三方机构数据管理能力标准宣贯培训教材，指导第三方机构，依据标准制定数据管理从业人员能力培养和评价方法，形成市场化的数据管理从业人员能力培养和评价方法及评价机制。

6.5.6 标准推广完善

1. 鼓励利用大数据开展服务，创新大数据应用模式

建议国家研究出台相关政策，鼓励各类机构利用大数据提供公共服务，形成数据再开发利用的良性循环机制。调动企业的积极性，鼓励企业创新大数据的应用模式，利用大数据提高企业本身分析和决策能力，提高对外服务能力。

2. 系统开展大数据标准化工作

大数据标准化工作是支撑大数据产业发展和应用的重要基础。目前国际、国内大数据标准化工作都刚刚起步，建议尽快成立大数据标准化工作组，吸纳国内产学研用各方面的力量，国内、国际标准化工作同步发展，梳理国内各方面成果，系统地研究国际先进成果，适时参与国际标准化工作。

建议加强大数据标准化顶层设计，从产品、技术、安全、管理、应用等多个角度梳理大数据标准需求，认真分析智慧城市、云计算、移动互联网等相关领域与大数据的关系，建立健全大数据标准体系，重点突破一批涉及大数据发展的基础性、方法性、公共性标准的研制，为大数据发展和应用夯实标准化基础。

3. 加强大数据标准化治理

数据治理的核心目标是将数据作为政府核心目标及企业的核心资产进行应用和管理，合理的数据治理能够建立规范的数据应用标准，消除不一致性，提高组织内部的数据质量，推动广泛共享充分发挥对政府及企业、管理以及战略决策的重要作用。目前我国政府、企业的数据治理能力普遍不足，需要通过标准化的手段对政府、企业的数据治理能力提供指导和规范，不断扩大标准化在数据治理领域的广泛应用，促进组织数据治理领域的广泛应用，促进组织完善数据治理机制，提升数据治理能力，加强组织间的数据交换共享，提升数据价值。

4. 加快我国大数据标准的国际化步伐

建议依托全国信标委大数据准工作组，组织标准化核心机构和重点企业，跟踪研究大数据相关国际标准化进展，深度参与国际标准制定工作，积极贡献国际标准提案及标准提案，提升自主标准的国际化水平。支持相关单位参与国际标准化工作，承办大数据相关国际标准化活动，加强我国大数据标准化组织与相关国际组织的交流合作，提升国际话语权。

6.6 智慧能源管理服务应用场景

6.6.1 应用场景的选择和识别分类

随着发电生产自动化控制技术的提高和信息管理软件在发电企业中的大规模使用，积累了大量的发电企业设备和操作运行人员的日常行为、生产运行监控及管理经营类数据，从数据挖掘的功能性出发，笔者将发电企业的这些数据划分为以下四大类。

1. 电力生产大数据

其数据类型主要分为实时生产数据、指标信息、设备信息和缺陷信息等结构化数据。

2. 发电企业运行管理大数据

主要指发电企业的资产管理、生产管理、协同办公和邮件系统等可能含有压缩文件、图片文件甚至视频文件等非结构化数据。

3. 发电系统监控大数据

主要来源于电力生产现场监控、安保监控等各类监控系统产生的视频多媒体数据。包括能源大数据应用涉及电力企业的各个业务领域。

4. 售电公司及大客户大数据

随着电力体制改革的不断深入，发电企业由过去面对电网单一模式转变为面对售电公司及大用户，以大数据应用为客户提供精准、创新的电力增值服务，帮助企业占据电力交易市场制高点，能够增强企业对市场的洞察力和前瞻性；同时，在此过程中沉淀产生的相关行业的售电数据也可以进行宏观经济和重点行业的趋势分析。

在规划领域，通过对发电采集大数据的分析，利用数据挖掘技术，更准确地掌握发电负荷分布和变化规律，提高中长期负荷预测准确度；

在建设业务方面，通过对现场照片进行批量比对分析，利用分布式存储、并行计算、模式识别等技术，掌握施工现场的安全隐患，或者核查安全整改措施落实情况；

在运行领域，利用机器学习、模式识别等多维分析预测技术，分析新能源出力与风速、光照、温度等气象因素的关联关系，以便更准确地对新能源的发电能力进行预测和管理。

在检修领域，通过研究消缺、检修、运行工况、气象条件等因素对设备状态的影响，以及设备运行的风险水平，利用并行计算等技术实现检修策略优化，指导状态检修的深入开展。

在对外数据服务领域，可以通过售电数据与电网数据、政府数据的融合，形成数据整合服务能力，为相关的政府、电力企业和非电力企业提供数据服务。

6.6.2 应用场景识别和评估思路

应用场景识别和评估的思路是，对平台业务架构中的服务层进行展开，分析获得参与方和可开展的服务内容品类，从业务价值、平台支撑能力、数据资产价值三个维度、准确论证可行性和优先级，从而形成在规划期内，平台上创新服务的内容品类和构建路线。

业务价值维度主要指平台的创新服务的核心价值在于为服务对象和服务主体带来的业务价值。服务主体一般指各类能源的提供方，包括电等多种能源主体，通过大数据有效提升其能源提供的安全、质量和效益。服务对象覆盖能源全产业链，包括政府、非能源企事业、能源用户在内。业务主体（服务对象和服务主体）的数量大，需要能够准确识别出业务主体;不同的业务主体的核心业务诉求和业务架构差异性大,需要准确识别评估服务的业务和价值。

平台支撑维度是指平台为大数据服务带来的基础支撑作用,是大数据服务以赋能政府决策、企业模式创新的新型基础设施。平台的核心竞争力体现在,平台的核心资源,可以是数据、安全,或者是生态中大量的用户和合作伙伴。

数据资产维度是指平台的核心业务逻辑是智慧能源数据资产运营,大数据服务应该为平台的数据资产带来价值。平台数据资产按价值密度可分为:核心层,覆盖能源生产到消费的能量流动数据,如发电网架结构和能流,其下是支撑能量流动的物理设施数据,如设备相关数据,其上是驱动能量流动的市场交易数据;扩展层,主要是产业链中业务主体的企业资源数据,如企业经营中人财物数据;外延层,主要是产业链外部的相关数据,如宏观经济数据,如图6-1所示。

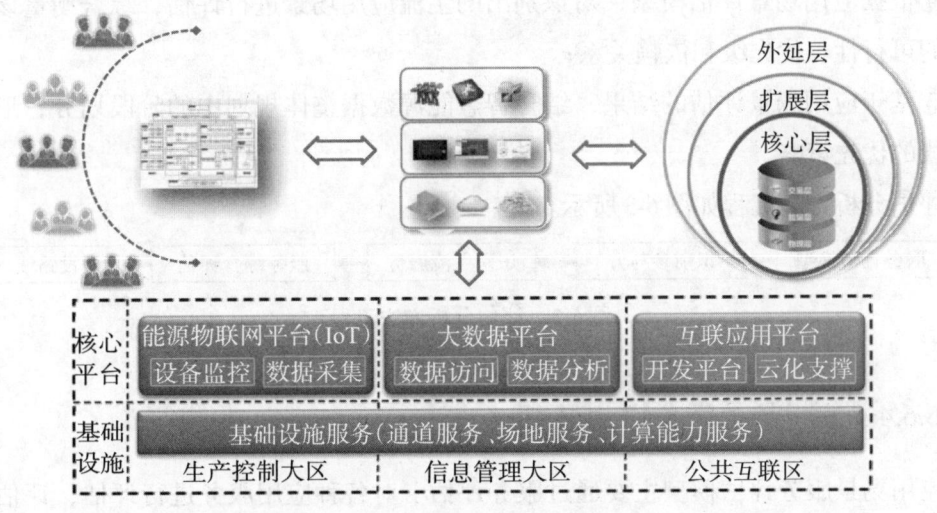

图6-1 智慧能源数据服务业务价值分析

6.6.3 应用场景识别和评估方法

常用的企业IT规划方法从洞悉企业的整体发展战略开始,形成明晰的业务架构,映射形成应用架构,最终形成建设路线,如图6-2所示。这种方法很适合外部业务模式稳定、内部业务流程规范的企业级客户。但是,在此次的平台创新服务规划中,采用这种正向的规划方法,会面临较大挑战:

①业务实体较多,业务诉求和架构完全不同,难以准确洞察;
②业务实体的业务模式不稳定,本身就在快速发展变化过程中;
③需要规划的服务不仅包括应用层面的服务,还包括线下的创新服务模式。

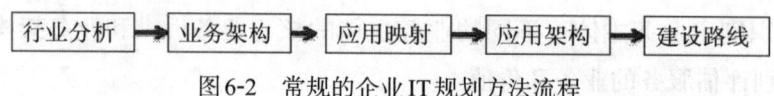

图 6-2　常规的企业 IT 规划方法流程

智慧能源管理服务的规划本质上不是企业 IT 规划，而是互联网形态下开放的平台型业务的规划。因此，规划方法应该采用评估分析方法，在对智慧能源管理服务市场洞察基础上，确定细分业务方向的可行性和优先级，从而确定建设路线。

评估分析方法包括以下几个主要步骤：

①从业务价值、平台核心资源、对平台价值三个维度上建立服务可行性和优先级的评估模型；

②以多能源综合贯穿的视角，识别智慧能源数据服务全产业链中的主要参与方；

③识别行业内相对主流成熟的应用场景模式，包括数据服务及其延伸的业务服务；

④依据应用场景评估模型，对识别出的主流应用场景进行评估，综合衡量该应用场景的可行性、优先级和依赖关系；

⑤基于应用场景评估的结果，结合智慧能源数据整体规划中的阶段划分，形成建设路线的优先策略。

评估分析方法流程如图 6-3 所示。

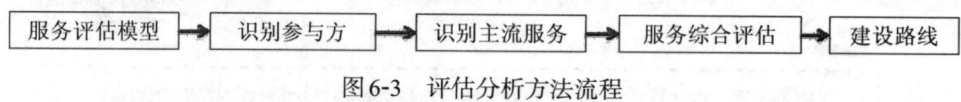

图 6-3　评估分析方法流程

6.6.4　应用场景服务评估模型

应用场景服务评估模型主要通过服务评估卡对各种应用服务进行评估，评估主要通过以下五个方面进行。

1. 服务对象评估

准确识别服务对象，通过区域内服务对象的数量及其业务的稳定程度，来反映服务对象对服务的消费能力。

2. 服务价值评估

识别服务带来的业务价值，通过该业务需求与客户的核心诉求的关联程度评估需求的强度，通过客户目前的解决方案，来反映需求的急迫程度。

3. 服务载体评估

准确识别服务载体，明确服务属于平台服务、应用服务或者直接的业务服务。通过成熟范例和服务供方两个维度，评估该种服务在市场上的丰富完备程度。

4. 核心资源评估

分析平台可以给该种服务加持哪些核心资源,这些资源应该是相对竞品独有的,会成为客户选择该服务的关键因素。

5. 应用场景级别认定

应用场景级别认定是指分别从服务价值和可行性评估两个方面,从服务对象、服务价值、服务载体、核心资源等多个方面对场景的级别进行认定,以确定其实施的优先级。

6.6.5 应用场景业务标准

根据应用场景识别和评估的思路和方法,业务标准主要包括以下三个方面。

1. 业务服务规划标准

按照标准的方法论进行业务的规划,通过市场研究,洞察市场基于大数据的商业模式创新机会,根据平台发展的战略方向,制定战略目标和发展策略,确定目标客户、设计商业模式、制定运营机制、编制发展路线和计划、测算投入产出。每年对业务规划进行滚动调整和优化。平台业务规划均要按照标准的方法进行。

2. 业务评估标准

制定业务评估标准,按照评估标准对开展的业务进行评估,对业务的规划和实际表现进行阶段和最终的复盘。通过对业务开展过程中的市场份额、用户数量、商业模式、运营情况、综合价值、收入等内容进行综合评价,评估该业务是否达到规划目标。

3. 服务分类标准

应用服务是一个开放的服务,根据不同的用户群体的需求而展开,是由平台构建方或大数据加工第三方提供商构建的支撑特定业务场景的应用服务,如设备的健康管理应用由不同的支撑平台提供业务运营支撑。

6.7 应用场景的需求分析

6.7.1 服务政府精准决策需求

1. 城市宏观经济观测

城市宏观经济的发展水平与能源消耗的总量和结构存在着密切的关系,一方面适应城市经济发展的需要,广泛地挖掘和利用能源以提供社会发展的动力;另一方面,要在利用"开源"的同时,全面"节流",通过调整地区产业结构和改进技术设备等手段努力提高能源使用效率,以更少的能源促进城市经济的最快发展。能源带来了城市经济的发展,同时能源过度消耗也带来城市经济发展的阻滞,通过对能源消耗与城市经济二者之间的关系进行分析,从而能更合理地运用能源,引导城市经济发展的转型。

通过城市宏观经济观测，在综合考虑城市经济增长、产业结构调整以及节能降耗趋势的基础上，满足生产和生活的用能需求；服务于城市的绿色转型，在保障城市能源需求得到满足的前提下，逐步优化能源结构，不断降低能源消费所带来的环境污染问题。

2. 重点行业集中度和景气度分析

行业景气指数又称景气度，是对企业景气调查中的定性指标通过定量分析方法加工汇总，综合反映行业所处的状态或发展趋势的一种指标。影响行业景气的外因是宏观经济指标波动、上下游产业链的供应需求变动，内因是行业的产品需求变动、生产能力变动、技术水平变化以及产业政策的变化等。

通过对能源消耗的总量和结构的分析，构建行业集中度和景气度分析模型，分析行业集中度波动情况，从而体现该行业大、中、小企业的流入流出情况及发展空间；分析上下游产业（行业）产能利用率情况，与宏观经济指标综合分析，提前把握行业变动方向，为政府及市场投资决策提供依据。

3. 商业选址分析

商业设施的选址是一项长期性的投资，直接关系企业经营的战略决策，是贯彻以消费者为中心观点的重要体现，也是影响企业效益的一个决定性因素，同时也是制定企业经营目标和经营策略的重要依据。

以城市能源的消耗分布数据为基础，结合周边公共设施用途类别及位置信息、周边社区用能情况等海量数据，利用机器学习算法进行训练优化，建立商业设施建设合理性评价分析模型，自动判断商业设施选址的可行性。

通过大数据进行整合分析，对商业设施的选址综合考虑客流规律、交通状况、商业环境、地形特点、符合城市规划要求等因素，提供深刻、全面的洞察能力，找出适合商业设施的绝佳位置。

4. 新能源汽车充电设施规划建议

新能源汽车充电设施是一种全新电能补给的公共基础设施，由于前期的建设模式存在相当程度的欠规划，往往造成资源浪费、设计不合理等问题，经过先期科学的布局得出充电设施选址的最优方针，不但可以让充电设施的选址投资能够有最合理的回报，发挥最优的作用，同样的，合理的选址方案也能提高电动汽车驾驶者充电的便捷性和使用的忠诚度。

新能源汽车充电设施规划将充电设施的工程纳入区位规划和操作层面进行集中考虑和整体的研究，这样可以加速社会资源的重新配置，进一步促进电动汽车工业的健康长远发展。电动汽车充电设施初期的选址规划将直接决定到今后的运行成本、工作质量、使用可靠性和驾驶员服务方便性等，使用合理的方式对电动汽车选址布局进行确定，将对电网架构合理化配置、减少运行成本、提升电网整体效率、提升驾驶员方便性、减少对电网的冲击等都具有关键的实用指导作用,同样对电动汽车的全局发展也有着很积极的影响。

新能源汽车充电设施规划建议可以促进科学设计和投资智能充电设施布局,是推进电动汽车产业快速提升的重要条件,只有建成覆盖区域的智能充电需求网络,打消市场对电动汽车行驶里程少、充能不方便的焦虑,进而推动电动汽车的飞速发展;促进资源、污染问题的解决,加快实现可持续发展;避免建设不科学的充电设施,尽量避免非必要和不适当的基础设施投建,以降低充电设施的投资费用和运行费用。

5. 氢能源创新应用

氢能源是一种良好的能源载体,具有清洁高效、便于存储和运输等特点。氢能源提供了一种可行的能量储存方式,为解决可再生能源消纳问题提供了一种可行的方法。光伏发电、风力发电等可再生能源电力在无法被电网消纳的情况下,通过电解等方式将电能转化为化学能储存在氢气中,然后在电网缺电且可再生能源无法响应时通过燃料电池发电回送电网,亦可将氢直接通过管道/拖车运输至消费终端,通过燃料电池完成各种情景下的终端消费。在终端消费中,既可通过移动式燃料电池系统用于运输,亦可通过固定式燃料电池系统用作居民用能、备用能源、工农业生产等。

氢能的开发与应用研究在我国尚处于起步阶段,但随着技术的进步,环境对清洁能源的要求不断提高,氢能利用是发展的必然趋势,对氢源供应的要求必将日益增加。在发展过程中,应结合我国情况积极开展扩大氢源、降低价格的研究,以便取得较好的经济效益和社会效益。

6. 清洁能源发电减排分析

清洁能源发电减排潜力巨大的原因是其在发电过程中基本不产生温室气体,新能源往往被认为是"零排放"的电力能源。大规模清洁能源并网和分布式发电并网项目,旨在解决风能、太阳能、生物质能等新能源转化利用难的问题。相对于化石能源发电,清洁能源发电对于电力系统二氧化碳等温室气体及二氧化硫、氮氧化物等污染物减排具有突出意义。环境权益市场是排放权益的价值发现平台和市场交易平台,有利于实现节能减排资源优化,提高环境治理效率。

随着七省市碳交易试点的启动,二氧化碳排放权已成为我国环境权益交易市场较为成熟和活跃的交易产品。新能源并网发电产生的二氧化碳减排价值的实现,依次历经开发、项目审定、减排量核证和交易四个阶段,一般要耗时6~10个月,项目业主通过新能源并网发电产生了各类减排效益并通过环境权益市场得以实现价值,但价值创造的背后隐含了电网在电量并网中的有效支持。电网企业通过智能电网技术创新及相关配套工程,有效增强大规模清洁能源发电以及分布式发电的接入量,并按照国家要求组织实施电力调度并确保清洁能源发电全额上网,从而有效促进电力系统二氧化碳等温室气体及二氧化硫、氮氧化物等污染物的总排放量下降。新能源并网发电过程中，电网面临新建送电线路、改扩建变电设置、配套通信装置等新增成本费用支出。

清洁能源替代传统化石能源对实现2030年碳排放达峰目标具有重要作用。清洁能源发电替代减排是碳减排最为重要的形式之一，积极开展清洁能源发电减排分析领域的研究意义重大，有助于对清洁能源的技术进步率进行科学预测、系统地建立清洁能源发展与减排的效益评估体系、减排目标下清洁能源产业发展路径。

6.7.2 电力企业快速响应需求

1. 电站基建现场图片智能对比分析与预警

发电项目建设数据主要包含结构化数据和非结构化数据。结构化数据主要是建设管理数据，非结构化数据主要包括文本和图片，此类数据无法被其他工程建设访问与数据分析利用，在一定程度上造成了该类数据的浪费。利用基建系统中数据，采用分布式存储技术，搭建低成本、高扩展性的存储系统，提高基建系统对现场图片的存储能力，使各工程建设方可以将工程施工信息直接上传并储存于基建系统中，加快系统对施工现场问题的快速响应，提高管理效率，采用并行计算和模式识别等大数据技术，将海量的历史现场照片数据与当前现场照片数据进行批量对比分析，发现施工现场在质量与安全等方面的异常情况，最终实现对工程建设的自动化监控与预警。

2. 基于大数据发电负荷预测

利用大数据的挖掘方法，如关联规则、聚类分析和回归分析，深入分析气候因素、经济发展水平、居民收入水平以及时间等因素对电力负荷的影响，通过人工神经网络与聚类分析研究用户用电行为来实现发电负荷及发电量短期及中长期的负荷精准预测，如短期发电负荷预测结果比计划值偏低，可提前给调度申请加负荷。实现基于Hadoop的电力用户侧大数据并行负荷预测原型系统，基于随机森林算法的并行负荷预测方法，将随机森林算法进行并行化，对历史负荷、温度和风速等数据进行并行化分析，缩短负荷预测时间和提高随机森林算法对大数据的处理能力。根据中长期负荷预测，发电企业可制订自己的检修计划，并争取抢发电量。做出有利于自己的发电计划，实现调度的精准营销。指导调峰决策与竞价上网报价，以及在售电市场交易中提供具有竞争性的基础数据。

3. 发电设备故障预警诊断中的应用分析

发电厂的生产系统设备故障诊断分析是一个多参数、非线性、强耦合的复杂问题，设备的监测参数从几个到几十个不等，监测参数的单位以及数据变化范围经常不同，使用常规经典方法也很难给出合适的预测值。

通过大数据的电力设备状态监测多维信息聚合方法。建立电力设备多种状态量的多维支持矢量，用历史数据进行训练，形成一个可以不断生长的电力设备状态支持矢量集，通过对状态监测数据与支持矢量集之间的相关性分析，实现对电力设备运行状态的评估与决策，进而实现发电设备全寿命周期管理。

再建立基于机器学习的诊断知识专家库，针对设备参数预警信息，自动匹配故障知识库信息。利用大数据进行设备故障预警诊断会有效提升设备状态监测、评价与诊断的及时性、准确性和快速性，提升设备维护员的工作效率，改变设备维护员的工作模式。使计划检修向状态检修转变。

4. 基于大数据的电力市场交易

发电企业参与售电市场交易必须对电力的计价和供应特性必须了解和掌握。利用大数据技术的挖掘方法，如关联规则分析、聚类分析、回归分析，深入分析气候因素、经济发展水平、居民收入水平以及时间因素对电力负荷的影响。而通过大数据技术实现电价预测、未来供需形势分析、风险控制、大用户诉求分析和自身成本计算，甚至从公开数据或收集数据分析竞争对手的竞争力，如竞争对手的机组型号、运行效率和供电煤耗等数据，研究并优化合同市场、竞价市场的电量比例以及报价策略等。使本企业在众多竞争电厂大用户直供电交易中高利润中标。

5. 基于大数据的光伏/风电功率精准预测

以风电和光伏发电为代表的新能源装机比例不断增加，但其受天气等因素的影响很大，出力很不稳定，预测不精准，并网运行时会对电网造成很大冲击。这些问题大大制约了新能源的发展。

利用大数据预测方法建立高精度天气大数据预测模型。对微观区域云层、降雨量、风速、风向、气压和温度等实现快速和精准预报。

对风电场大量历史数据进行挖掘，利用天气预报数据、历史风速、历史功率及机组运行状态等影响风电功率因素建立风电功率预测的大数据模型，以风速、功率或天气预报数据作为模型的输入，结合风电场机组的设备状态及运行工况，预测风电场未来的有功功率。结合天气预报大数据建模技术能有效提高风电电力系统的可靠性，能有效提高风能资源的利用效率和风电场的运行效益，实现更加精确的风电功率预测，有助于电网消纳更多风电，应对大规模风电对电网功率的平衡挑战，促进风电健康发展。同样的，通过大数据方法的天气预测结果，结合官方发布数据、发电池组特性和海量历史数据，实时光伏发电功率的大数据精准预测。

6.7.3 工业企业能源消费需求

1. 用户需求挖掘

综合能源用户需求挖掘，主要是从终端用户对能源服务的需求满足出发，是软性的服务。从业务逻辑上看,一是围绕综合能源产品的设计;二是围绕客户侧能源系统的调控优化;三是围绕能源交易分析管理。

需求侧综合能源服务是生态化的。由于需求侧是围绕用能的最终客户展开,客户对专业能源服务存在巨大的需求差异。一方面是行业特性很强,另一方面是即使同一行业的需求也是碎片化的,需要细分到一、二、三级的场景。正是因为这样的属性,未来可能存在一个巨大的产业生态,每个细分场景的专业服务市场可能都不大,但是大量细分专业服务商可以汇聚成一个产业生态。但是生态化不代表某家公司就能垄断整个生态,生态是一个自适应的发展过程。逐步实现各种能源独立运行向多种能源融合过渡,朝着智能化、信息化和数字化融合方向发展,促使能源流、信息流、数字流融合,待电力及其他能源现货交易及中长期交易市场逐步成熟,综合能源交易平台也将发挥重要作用。

准确把握用户用能需求,与综合能源产品进行匹配,实现对综合能源产品结构和运营方式的调整,抢占市场先机。同时,挖掘用户的潜在需求,为用户用能提供合理建议。

2. 综合能源项目辅助拓展

工业园区用户能源消费密度大,用户综合能源服务的驱动力强,是开展增量配电网的最佳选择。通过梳理典型工业园区的综合能源需求,工业园区综合能源系统将呈现若干种形态特征,包括冷热电联供分布式能源站、园区光储微网、小水电+分散式风电、园区能源互联主动配电网和多能互补综合能源系统。

整合综合能源服务领域相关资源,构建连接政策制定与市场需求、清洁能源供应与高效利用的产业生态圈,是目前综合能源服务行业的共识。在工业园区开展一体化电冷热(暖)供应、多能协同供应、综合梯级利用,以及低品位余热利用等综合能源服务,可以有效解决工业园区的能源利用问题。

以综合能源规划和综合能源投资建设时序为需求,依据园区用能需求和能源缺口,指导能源服务企业选择合适的园区开展业务,推动综合能源项目落地。

3. 电能替代业务推广

电能替代,主要是指利用便捷、高效、安全、优质的电能代替煤炭、石油、天然气等一次能源,通过大规模集中转化来提高燃料使用效率,减少污染物排放,实现社会的清洁发展。电能可以广泛替代化石能源,而且可以较为方便地转换为机械能、热能等其他形式的能源,并实现精密控制。电能的这些特性使其在现代经济社会中得到广泛应用。电气化已经成为现代化的重要标志之一。

推进电能替代对于提高人民生活质量,也有相当大的作用。电能替代是在终端能源消费环节,使用电能可以替代散烧煤、燃油的能源消费方式。比如说,电采暖、低能热泵、工业电锅炉（窑炉）、农业电排灌、电动汽车、靠港船舶使用岸电、机场桥载设备等。

电能替代业务推广是解决能源环境问题的有效途径，随着清洁能源发展，电能替代的环保优势将进一步显现；有助于减少环境污染物排放，提高能源利用效率，节约能源。

4. 重污染企业用能监测

重污染企业环境监测是环境管理最重要的基础性和前沿性工作，任何环境决策都离不开环境监测基础数据的支持。通过环境监测，能及时了解企业环境信息，发现污染物产生的原因，为企业环境管理提供可靠的科学依据，以便采取各种措施达到控制污染、改善环境的目的。

用能在线监测系统是重污染企业环境监测的重要组成部分，通过对重点用能单位的环保设备、主要工艺设备、主要耗能设备的能耗和工况进行全面监测、诊断与分析，采用设备、工艺优化、管理策略优化等多种手段相结合的方式，有效地控制污染和改善环境质量，提高自动监测和控制的能力，加大对各个污染源的监管力度，切实做好环境的保护，从而实现对环境质量和污染源变化的准确、及时、全面的控制，才能有经济持续性发展的空间。

重污染企业用能监测通过采集各项能源数据，实时监控是对企业电、气、水等各种能源介质在购入存储、加工转换、输送分配和终端使用过程中进行集中的监视、测量、控制和管理，同时对企业污染治理相关的环保设备运行数据实时监视、分析、报警，及时掌握污染源排放时间、类型等特点，同时对数据进行分析汇总，掌握污染源的排放总量，提高对意外事故的应急处理能力，最大限度地降低污染事故的危害。

5. 用户多能源能效对标

近年来，政府持续开展能源消费总量、单位生产总值能耗"双控"工作，以重点用能企业为重点，推动"双控"措施落到实处。政府积极推进能源"双控"目标任务的完成，在重点耗能行业全面推行能耗对标和能效赶超行动。要求电力、钢铁、有色、建材、石化、化工等重点耗能行业的单位产品能耗达到或接近世界先进水平。能源"双控"目标将倒逼重点用能企业开展科学、精细化的用能，加快用能管理体系的建立。

重点用能企业能效指标体系将采用工业指标金字塔，第一级是综合指标，常用的指标是单位生产总值能耗，这一比值测量的是一单位经济产出需要多少能量。第二级是按工业分行业建立指标，评价能效的最佳指标是单位产量能耗。产量能耗越低，发展经济所需的能耗量越少。第三级是具体工艺的技术指标。这一体系整体体现了工业如何分解指标和每一级使用的不同指标。

能效对标活动是指企业为提高能效水平、与国际、国内同行业先进企业能效指标进行对比分析,通过管理和技术措施,达到标杆或更高能效水平的节能实践活动。

开展重点耗能企业能效对标活动,是引导重点企业节能、促进企业在节能降耗中上水平、上台阶的重大举措,对推动千家企业节能行动的深入实施,明显提高企业能源利用效率、经济效益和竞争力,具有十分重要的意义。

6.8 应用场景的评估示例和选择策略

智慧能源管理服务典型场景评估卡示例包括服务内容、场景评估卡和服务价值。

6.8.1 服务内容

按照前述的应用场景服务评估模型对业务场景的服务进行服务评估和说明。

6.8.2 场景评估卡

通过服务评估卡的形式对特定的服务场景进行服务价值评估和可行性评估说明,同时进行场景的优先级评估定级。图6-4为能源监测预警及规划场景的评估卡示例。

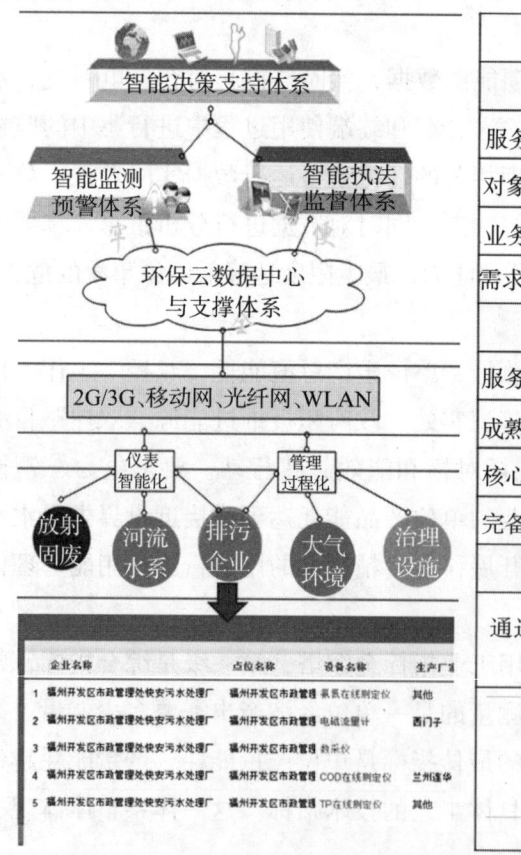

图6-4 场景评估卡示例:重污染企业用能监测

6.8.3 服务价值

说明对通过能源管理场景服务能带给服务对象的价值。

6.8.4 选择策略

通过对应用场景的选择和识别，按照前述的应用场景服务评估模型形成每一个场景服务的评估卡，通过应用场景的评估级别可以决定后续建设中对于应用场景选择的优先策略，从"★★★"到"★"，其优先策略依次向后，见表6-1所列。

表6-1 应用场景选择的优先策略

ID	定级	应用场景级别	说明
1	★★★	一级	基本成熟，具备提供服务的可行性
2	★★	二级	局部成熟，具备部分构建服务的可行性
3	★	三级	暂未成熟，业务价值和技术尚未完全具备可行性

6.9 智慧能源管理服务云平台演进策略

6.9.1 国内能源大数据生产要素及技术能力

随着"互联网+"在能源行业的深入发展，所衍生的"互联网+"智慧能源融合互联网的思维和技术，改造传统能源的生产、传输、消费、转换、交易等全产业链，依托能源大数据技术，形成能源与信息高度融合、互联互通、透明开放、互惠共享的新型能源体系。我国作为互联网产业和能源产业的大国，具备的人力资源、互联网技术和能源产业技术为能源大数据产业的发展打下了基础。尤其随着新型传感器、新的传输机制（如多址技术、扩频技术等）、光纤传输技术、数据预处理技术等的发展，信息系统通信质量在不断地提升，基于能源数据分析处理的能源系统决策在不断地推进能源系统优化，在能源生产、传输、消费等环节已得到初步的应用和实践。

海量能源数据的获取是建设能源大数据的基础，但目前能源领域普遍存在的信息孤岛问题却成为推进能源数据资源整合的一个重要制约因素。

一方面，在电力、煤炭、石油、天然气、供冷/热等能源企业信息化的进程中，由于缺乏有效的统一管理机制，造成能源企业存在多套独立的能源管理系统，通过各自的传感器可以采集单独系统的数据。但由于各系统架构、协议等不一致，各自采集的数据无法共享，制约了能源大数据进一步地分析与挖掘。另一方面，传统电力及其他能源系统长期保持着各自规划、独立运行、条块分割的局面，跨系统间的行业壁垒严重，封闭了不同能源系统之间的信息互通，使信息孤岛问题进一步突出，制约了能源大数据的发展。

大数据需要从底层芯片到基础软件再到应用分析软件等信息产业全产业链的支撑，在这一系列基础设施建设方面，我国能源信息基础设施仍存在短板。

一方面，无论是在传感技术、新型计算平台、分布式计算架构方面，还是大数据处理、分析和呈现方面，我国能源信息技术与国外均存在较大差距，难以适应电力行业乃至能源行业的多源、多态及异构数据的广域采集、高效存储和快速处理。以智能电网用电数据为例，其来源包括企业统计、量测表计、供电公司以及第三方能源公司，从数据量级、覆盖范围、数据颗粒度以及可获得性等方面比较均有较大差异。

另一方面，能源信息数据开发应用意识不强，一体化系统中采集了大量的能源数据，但将现有数据转化为资源优势，用于提高能源系统的优化运行水平，仍有待加强。如用电数据中供电公司数据获取量大、集中程度高，但仅用于供电公司业务范围，数据价值潜力仍亟待充分挖掘。

能源系统的开放、兼容和互联必然伴随着风险，目前整个能源系统的安全形势仍然严峻，特别是随着互联网技术在能源系统的应用，开放互联的网络和信息与物理组件的交互使得能源系统面临着巨大的安全挑战。能源大数据建立在能源数据公开、共享的基础之上，因此，能源大数据的建设与应用需加强能源信息安全防御能力。另外，能源大数据技术将用户大量用能信息进行集聚，很可能造成隐私泄露。在能源大数据建设中，协调共享与安全是必须首先解决的重大课题。

6.9.2 国内能源大数据发展过程中政府的作用

国内方面，在国家层面"大数据"被确定为科技创新主攻方向之一后，大数据技术已在政府主导、各个能源公司推动下得到十分迅速的发展，并被广泛应用到推进政府科学管理、促进企业健康发展和服务民生等各个方面。

逐步开始完善大数据产业培育的相关政策法规，推动数据开放开发、分级分类，重点关注以下四个领域的立法工作：个人数据保护中隐私侵害风险的控制；跨境数据流动管理中的国家安全、产业安全、数据资源优势的保障；数据产权的明晰与交易规则体系的建立；政府数据开放的配套措施和制度保障，推动数据汇聚共享、开放开发、价值评估相关标准的制定。

重点控制政务数据开放、开发产品化（结果）这两个边界的算法框架、调用规则、数据应用目录。提供监管技术手段，基于数据分级分类管理机制，对数据交易或使用对象进行管控，对数据源开放的范围和原则、过程加工、结果化应用全过程进行监控和管理；重点关注数据安全管理、涉密涉私涉费数据的开发使用法规的制定以及对数据脱敏脱密的监管。

具体到能源大数据产业的发展，在战略层面上，国内各省市寻求差异化合作，以数据资源的差异与市场细分领域的差异为导向，寻求形成互补倍增效应。在运作层面上要注重市场、资本的获取与分配。其中，市场面应关注国家大数据重点行业中政府、企业、公众三位一体的应用，重点关注细分行业与细分区域，特别是结合本地特色，以虚拟经济带动实体经济的模式，实现对重点发展行业的对接。

6.9.3 智慧能源管理服务云的演进策略

智慧能源管理服务云平台作为大渡河公司基于能源大数据产业生态的重要抓手，以行业应用数据产品拉动各生产要素的优化配置，是大数据生态聚合和产业模式创新的平台。首先驱动自身的数据整合和融通；然后通过对数据的加工利用，将大量的第三方数据加工、服务群体纳入产业生态圈中，以市场化的方式撮合各方资源的对接，实现各方的共赢；最后数据驱动的新型模式必将发挥"鲶鱼效应"，打破传统行业的竞争格局，不断颠覆传统的商业模式，提升经济的整体活力，以"点"带"面"实现数据经济的全面转型。

在智慧能源管理服务云平台具体落地过程中遵循"一年试点突破，两年初步建成，三年全面推广，长期打造产业生态"的近期建设目标和长期产业愿景互为支撑和引导的建设思路。

1. 短期建设目标

加快建成实体智慧能源管理服务云平台，整合能源行业数据，打破数据行业壁垒，避免行业类似系统重复建设。与政府相关的信息资源统一共享交换平台交互，归集能源行业数据，获取政府部门数据，促进数据资源融合共享。与政府信息资源统一开放平台交互，向社会开放数据，进一步提升能源数据的开发与利用水平。

2023年实现能源大数据开发应用模式的创新突破。建成生态城能源大数据分析平台，探索面向政府决策需求的典型应用场景，完成实体智慧能源管理服务云平台建设规划。

2025年实现能源大数据开发应用深度的持续提升。扩大智慧能源管理服务云平台辐射范围，提升数据融合与挖掘深度，研究制定能源数据资源共享管理机制，启动智慧能源管理服务云平台建设。

2026年实现能源大数据开发应用成果的全面推广。智慧能源管理服务云平台初步建成，实现多种类型的能源数据实时线上集成，形成产业集聚效应，参与组建政府能源大数据产业联盟。

2. 长期产业愿景

推动能源数据融合与深化应用，提升能源数据开发与利用水平，探索能源数据共享与盈利模式，促进能源大数据服务客户"引流"、业务"赋能"，打造能源大数据运营服务基地、协同创新基地、产业聚集基地，为发展提供精准运营的辅助决策、高效协同的能源动力、共享互通的数据支撑、产业转型升级的持续动能。

6.10 智慧能源管理服务云平台运营模式分析

6.10.1 运营模式总体思路

智慧能源管理服务云平台是发电公司内部生产、营销、经营、综合管理及分析决策等服务的公共信息平台，是各业务应用系统的数据交换和共享平台，同时为政府、金融、其他企业等相关部门提供公营事业运营决策的依据，也可以结合电价及电力政策为企业提供相关的能源采购和管理模式的优化。

智慧能源管理服务云平台建设的最大价值是提供一个统一的大数据服务体系，使得当前及未来的数据和业务应用可以一致地进行整合与集成，以向外部的政府和企业客户，以及发电公司内部的各单位统一提供战略性的大数据服务，建立大数据的主题数据集的分销数据模式，同时引入第三方的从业者对电力大数据提供深度加工的增值服务，通过数据产品大数据平台实现对内、对外的集成化数据服务和应用，如图6-5的所示。因此，数据产品的核心是公共数据模型与面向场景的政府的行业数据服务构件的集成化平台。

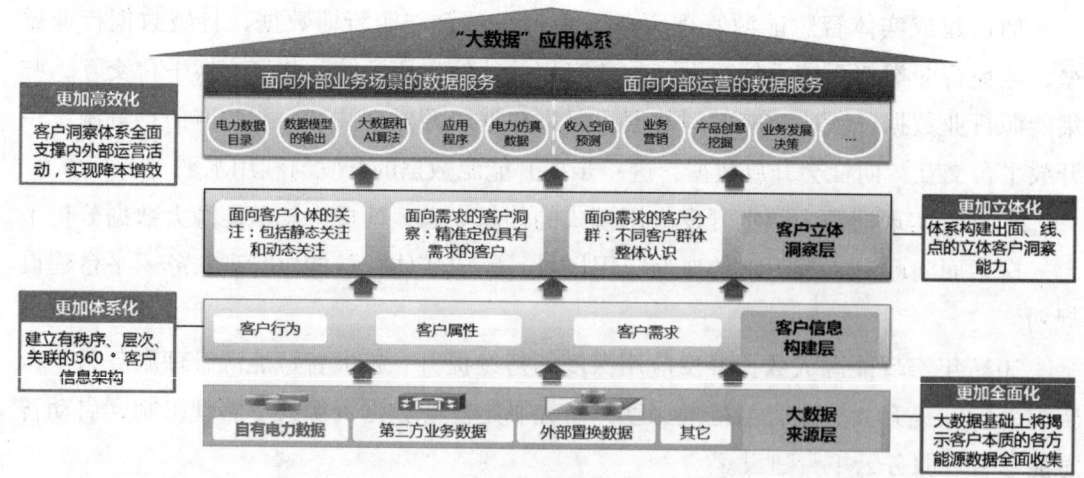

图6-5 能源大数据的应用服务体系

6.10.2 运营模式及利益攸关方

智慧能源管理服务云平台通过构建统一的集成化平台,数据的产生方(包括电力数据、电网数据及其他能源数据、政府数据等)、数据的服务方(电力数据集分销、电力数据深加工服务)和数据的需求方(外部包括政府、金融部门、公营事业和企业等,内部包括电网各部门)形成了大数据的生产、加工和服务的生态,如图6-6所示。

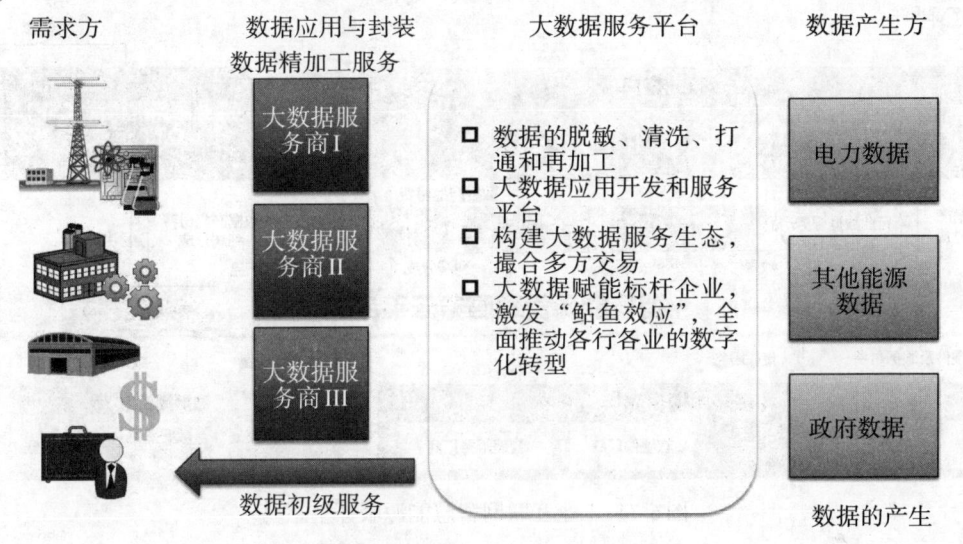

图6-6 能源大数据的产生、加工、服务过程

工业互联网智慧能源服务生态(见图6-7所列)主要的利益攸关方包括以下几个。

1. 数据提供方

数据提供商包括发电公司提供自身的电力数据,以及电网公司、其他公司等提供其他能源数据,以及政府数据平台提供的相关数据。

2. 平台技术提供商

平台技术提供商依托数据产品服务平台,提供自己的新型互联网技术、AI算法、最佳实践的业务模式等新技术服务。

3. 数据增值服务提供商

面向行业客户,基于数据产品提供的数据提供数据处理的增值服务。

4. 应用服务提供商

面向行业客户,基于数据产品提供的基础数据或数据增值服务提供商提供数据集进行应用程序的开发,提供SaaS化的工业软件App服务。

5. 数据需求方

包括政府的相关部门、金融机构、电力企业、非电力企业等各行各业的单位,为改善自身运营需产生的大数据服务需求。

6. 云平台运营管理

大渡河公司作为智慧能源管理服务云平台的运营管理方，负责整个大数据服务商业模式的设计和服务生态的构建，同时建设数据产品服务平台，同时依托于数据产品服务平台向发电公司内部各部门提供发电企业运行管理、发电系统监控、业务发展决策等数据服务；同时可以向政府、其他企业等外部客户提供数据产品服务。

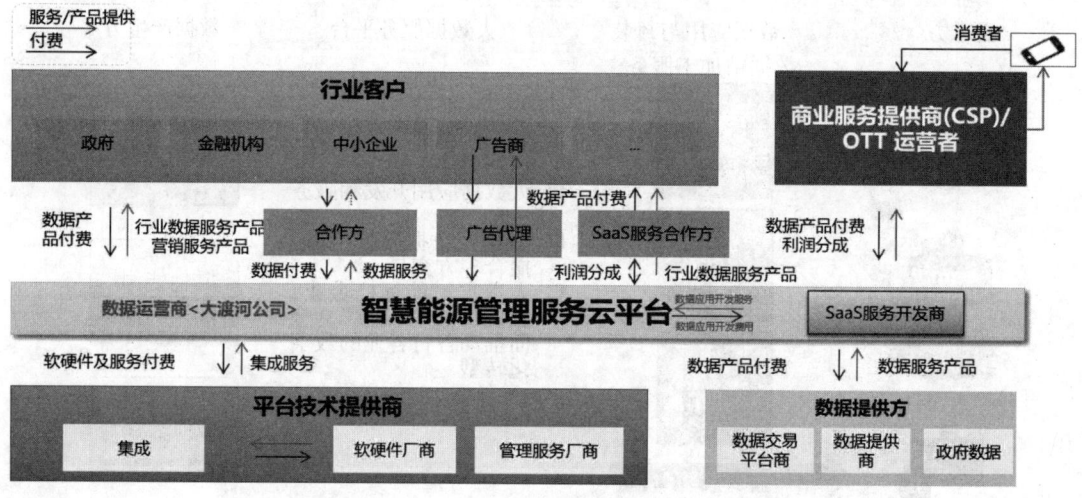

图6-7　工业互联网智慧能源服务生态

参 考 文 献

[1] 吕昊，何益鸣，田浩，等. 基于物联网的园区综合能源系统快速通信网络建模与仿真[J]. 中国电力，2022，55（5）：166-173.

[2] 赵亮. 建筑能源系统物联网数据监测与传输质量保障方法[D]. 大连：大连理工大学，2014.

[3] 曹宇. 基于Niagara的分布式能源物联网管理平台开发[D]. 济南：山东建筑大学，2020.

[4] REN H, ZHOU W, GAO W. Optimal option of distributed energy systems for building complexesindifferent climate zones in China[J]. *Applied Energy*, 2019, (01): 156-165.

[5] 张红. 物联网技术在智能建筑能源管理中应用的研究[D]. 西安：长安大学，2013.

[6] 杨晟. 基于泛在电力物联网与区块链的综合能源服务研究[D]. 北京：华北电力大学，2021.

[7] NOREEN U, BOUNCEUR A, CLAVIER L. A study of LoRa low power and wide area network technology[C]. 2017 International Conference on Advanced Technologies for Signal and Image Processing(ATSIP). IEEE, 2017: 1-6.

[8] 国务院. 国务院关于积极推进"互联网+"行动的指导意见[EB/OL]. （2015-07-04）[2020-03-31]. http：//www.gov.cn/zhengce/content/2015-07/04/content_10002.htm.

[9] SINBA R S, WEI Y, HWANG S H. A survey on LPWA technology：LoRa and NB-IoT[J]. Ict Express, 2017, 3(1): 14-21.

[10] 孙微微，刘汉兴，王金凤. 基于ARM架构鲲鹏系统的操作系统实验教学设计[J]. 现代计算机，2020（17）：4.

[11] 展鹏飞. 基于云计算的云数据管理技术[J]. 电子技术与软件工程，2020（6）：2.

[12] JIMENEZ J M, DIAZ J R, LLORET J, et al. MHCP: Multimedia Hybrid Cloud Computing Protocol and Architecture for Mobile Devices[J]. IEEE Network, 2019, 33(1): 106-112.

[13] 郭源生，张建国，吕晶. 智慧城市的模块化构架与核心技术[M]. 北京：国防工业出版社，2014.

[14] 贾志淳，邢星，张宇峰. 移动云计算技术专题研究[M]. 沈阳：东北大学出版社，2016.

[15] 雷玉堂.安防&物联网：物联网智能安防系统实现方案[M].北京：电子工业出版社，2014.

[16] 吴莉莉，林爱英，邢玉清.电子信息科学技术导论[M].北京：机械工业出版社，2015.

[17] 李文军.计算机云计算及其实现技术分析[J].军民两用技术与产品，2018，(22)：57-58.

[18] 张晶."中国制造2025"出版工程——物联网与智能制造[M].北京：化学工业出版社，2019.

[19] SAMBA A. Logical Data Models for Cloud Computing Architectures[J]. IT Professional,2012,14(1):19-26.

[20] 德巴希斯·德.移动云计算架构、算法与应用[M].郎为民，等译.北京：人民邮电出版社，2017.

[21] 思科系统公司，姜汉龙.网络互联故障排除手册[M].北京：电子工业出版社，2002.

[22] 纳多，格雷.软件定义网络：SDN与OpenFlow解析[M].毕军，等译.北京：人民邮电出版社，2014.

[23] LOWE D G. Distinctive Image Features from Scale-invariant Keypoints[J]. International Journal of Computer Vision,2004,60(2):91-110.

[24] TAREEN S A K, SALEEM Z. A Comparative Analysis of Sift, Surf, Kaze, Akaze, Orb, and Brisk[C]//2018 International Conference on Computing, Mathematics and Engineering Technologies (iCoMET). IEEE,2018:1-10.

[25] DALAL N, TRIGGS B. Histograms of Oriented Gradients for Human Detection[C]//2005 IEEE Computer Society Conference on Computer Vision and Pattern Recognition (CVPR'05). IEEE,2005,1:886-893.

[26] XIANG Z, TAN H L, MA Z M. Performance Comparison of Improved HOG, Gabor and LBP[J]. Journal of Computer-Aided Design & Computer Graphics Magazine,2012,24(6):787-792.

[27] 杜达，等.模式分类[M].2版.北京：机械工业出版社,2004.

[28] LU J, TAN Y P, WANG G. Discriminative Multimanifold Analysis For Face Recognition from a Single Training Sample Per Person[J]. IEEE Transactions On Pattern Analysis and Machine Intelligence,2012,35(1):39-51.

[29] ZHANG W, XUE X, LU H, et al. Discriminant Neighborhood Embedding for Classification[J]. Pattern Recognition,2006,39(11):2240-2243.

[30] GUI J, SUN Z, JIA W, et al. Discriminant Sparse Neighborhood Preserving Embedding for face Recognition[J]. Pattern Recognition, 2012, 45(8): 2884-2893.

[31] YU X, WANG X. Uncorrelated Discriminant Locality Preserving Projections[J]. IEEE Signal Processing Letters, 2008, 15: 361-364.

[32] YONG L, WANG Q, YI J, et al. Supervised Locality Discriminant Manifold Learning for Head Pose Estimation[J]. Knowledge-Based Systems, 2014, 66(aug.): 126-135.

[33] LIU J, YU G, LIU Y. Graph-based Sparse Linear Discriminant Analysis for High-dimensional Classification[J]. Journal of Multivariate Analysis, 2019, 171: 250-269.

[34] SHAO J, WANG Y, DENG X, et al. Sparse Linear Discriminant Analysis By Thresholding for High Dimensional Data[J]. Ann. Statist. 2011.

[35] MAI Q. A Review of Discriminant Analysis in High Dimensions[J]. Wiley Interdisciplinary Reviews: Computational Statistics, 2013, 5(3): 190-197.

[36] NASSARA E I G, GRALL-MAËS E, KHAROUF M. Linear Discriminant Analysis for Large-scale Data: Application on Text and Image Data[C]//2016 15th IEEE International Conference on Machine Learning and Applications (ICMLA). IEEE, 2016: 961-964.

[37] SIFAOU H, KAMMOUN A, ALOUINI M S. Improved LDA Classifier Based on Spiked Models[C]//2018 IEEE 19th International Workshop on Signal Processing Advances in Wireless Communications (SPAWC). IEEE, 2018: 1-5.

[38] QIAO Z, ZHOU L, HUANG J Z. Effective Linear Discriminant Analysis for High Dimensional, Low Sample Size Data[J]. Lecture Notes in Engineering & Computer ence, 2008, 2171(1).

[39] TONY C T, ZHANG L. High Dimensional Linear Discriminant Analysis: Optimality, Adaptive Algorithm and Missing Data[J]. Journal of the Royal Statistical Society: Series B (Statistical Methodology), 2019, 81(4): 675-705.

[40] YANG W, WU H. Regularized Complete Linear Discriminant Analysis[J]. Neurocomputing, 2014, 137: 185-191.

[41] YIN X, HAN J. CPAR: Classification based on Predictive Association Rules[J]. Lecture Notes of the Institute for Computer Sciences Social Informatics & Telecommunications Engineering, 2003, 24: 236-255.

[42] GAO C, TUNG A K H, XIN X, et al. FARMER: Finding Interesting Rule Groups in Microarray Datasets[C]// Proceedings of the ACM SIGMOD International Conference on Management of Data, Paris, France, June 13-18, 2004. ACM, 2004.

[43] ZAKI M J, HSIAO C J . CHARM: An efficient algorithm for Closed Itemset Mining [C]// Proceedings of the Second SIAM International Conference on Data Mining, Arlington, VA, USA, April 11-13, 2002. 2002.

[44] PAN F, CONG G, TUNG A, et al. Carpenter: finding closed patterns in long biological datasets.[C]// Acm Sigkdd International Conference on Knowledge Discovery & Data Mining. ACM, 2003.

[45] RIBEIRO M T, SINGH S, GUESTRIN C . "Why Should I Trust You?": Explaining the Predictions of Any Classifier[C]// the 22nd ACM SIGKDD International Conference. ACM, 2016.

[46] YI Z, NEWSAM S . Spatio-Temporal Sentiment Hotspot Detection Using Geotagged Photos[C]// The 24th ACM SIGSPATIAL International Conference. ACM, 2016.

[47] MACK V, KAM T S . Is There Space for Violence?: A Data-driven Approach to the Exploration of Spatial-Temporal Dimensions of Conflict[C]// The 2nd ACM SIGSPATIAL Workshop. ACM, 2018.

[48] LI X, HAN J, KIM S . Motion-Alert: Automatic Anomaly Detection in Massive Moving Objects[C]// IEEE International Conference on Intelligence & Security Informatics. Springer-Verlag, 2008.

[49] SHI W, CAO J, ZHANG Q, et al. Edge Computing: Vision and Challenges[J]. IEEE Internet of Things Journal, 2016, 3(5): 637-646.

[50] ZHANG H, CHEN S, ZOU P, et al. Research and Application of Industrial Equipment Management Service System Based on Cloud-edge Collaboration[C]//2019 Chinese Automation Congress (CAC). IEEE, 2019: 5451-5456.

[51] MUNIR A, BLASCH E, KWON J, et al. Artificial Intelligence and Data Fusion at The Edge[J]. IEEE Aerospace and Electronic Systems Magazine, 2021, 36(7): 62-78.

[52] RUSSAKOVSKY O, DENG J, SU H, et al. Imagenet Large Scale Visual Recognition challenge[J]. International Journal of Computer Vision, 2015, 115(3): 211-252.

[53] REN S, HE K, GIRSHICK R, et al. Faster r-cnn: Towards Real-time Object Detection with Region Proposal Networks[J]. Advances in Neural Information Processing Systems, 2015, 28.

[54] ZHANG T, CHOWDHERY A, BAHL P, et al. The design and implementation of a wireless video surveillance system[C]//Proceedings of the 21st Annual International Conference on Mobile Computing and Networking, 2015: 426-438.

[55] HUNG C C, ANANTHANARAYANAN G, BODIK P, et al. Videoedge: Processing Camera Streams Using Hierarchical Clusters[C]//2018 IEEE/ACM Symposium on Edge Computing (SEC). IEEE, 2018: 115-131.

[56] TSIKOUDIS N, PAPADOGIANNAKIS A, MARKATOS E P. LEoNIDS: A low-latency and Energy-efficient Network-level Intrusion Detection System[J]. IEEE Transactions on Emerging Topics in Computing, 2014, 4(1): 142-155.

[57] LI L, OTA K, DONG M. When Weather matters: IoT-based Electrical Load Forecasting for Smart Grid[J]. IEEE Communications Magazine, 2017, 55(10): 46-51.

[58] YAO S, HU S, ZHAO Y, et al. Deepsense: A Unified Deep Learning Framework for Time-series Mobile Sensing Data Processing[C]//Proceedings of the 26th International Conference on World Wide Web. 2017: 351-360.

[59] QI X, LIU C. Enabling Deep Learning on Iot Edge: Approaches and Evaluation[C]// 2018 IEEE/ACM Symposium on Edge Computing (SEC). IEEE, 2018: 367-372.

[60] HAN S, KANG J, MAO H, et al. Ese: Efficient Speech Recognition Engine with Sparse Lstm on Fpga[C]//Proceedings of the 2017 ACM/SIGDA International Symposium on Field-Programmable Gate Arrays. 2017: 75-84.

[61] BHATTACHARYA S, LANE N D. Sparsification and Separation Of Deep Learning Layers for Constrained Resource Inference on Wearables[C]//Proceedings of the 14th ACM Conference on Embedded Network Sensor Systems CD-ROM. 2016: 176-189.

[62] CHEN T Y H, RAVINDRANATH L, DENG S, et al. Glimpse: Continuous, Real-time Object Recognition on Mobile Devices[C]//Proceedings of the 13th ACM Conference on Embedded Networked Sensor Systems. 2015: 155-168.

[63] ZHANG H, ANANTHANARAYANAN G, BODIK P, et al. Live Video Analytics at Scale with Approximation and {Delay-Tolerance} [C]//14th USENIX Symposium on Networked Systems Design and Implementation (NSDI 17). 2017: 377-392.

[64] JIANG A H, WONG D L K, CANEL C, et al. Mainstream: Dynamic {Stem-Sharing} for {Multi-Tenant} Video Processing[C]//2018 USENIX Annual Technical Conference (USENIX ATC 18). 2018: 29-42.

[65] RAN X, CHEN H, ZHU X, et al. Deepdecision: A Mobile Deep Learning Framework for Edge Video Analytics[C]//IEEE INFOCOM 2018-IEEE Conference on Computer Communications. IEEE, 2018: 1421-1429.

[66] HAN S, SHEN H, PHILIPOSE M, et al. Mcdnn: An Approximation-based Execution Framework for Deep Stream Processing Under Resource Constraints[C]//Proceedings of the 14th Annual International Conference on Mobile Systems, Applications, and Services. 2016: 123-136.

[67] DEAN J, CORRADO G, MONGA R, et al. Large Scale Distributed Deep Networks[J]. Advances in Neural Information Processing Systems, 2012, 25.

[68] ZHANG S, CHOROMANSKA A E, LECUN Y. Deep Learning with Elastic Averaging SGD[J]. Advances in Neural Information Processing Systems, 2015, 28.

[69] LI Y, PARK J, ALIAN M, et al. A Network-centric Hardware/algorithm Co-design to Accelerate Distributed Training of Deep Neural Networks[C]//2018 51st Annual IEEE/ACM International Symposium on Microarchitecture (MICRO). IEEE, 2018: 175-188.

[70] SHOKRI R, SHMATIKOV V. Privacy-preserving Deep Learning[C]//Proceedings of the 22nd ACM SIGSAC Conference On Computer And Communications Security. 2015: 1310-1321.

[71] ABADI M, CHU A, GOODFELLOW I, et al. Deep Learning with Differential Privacy [C] //Proceedings of the 2016 ACM SIGSAC Conference on Computer and Communications Security. 2016: 308-318.

[72] MAO Y, YI S, LI Q, et al. Learning from Differentially Private Neural Activations with Edge Computing[C]//2018 IEEE/ACM Symposium on Edge Computing (SEC). IEEE, 2018: 90-102.

[73] ZHANG T, HE Z, LEE R B. Privacy-preserving Machine Learning Through Data Obfuscation[J]. arXiv preprint arXiv: 1807.01860, 2018